JN303946

新物理学ライブラリ＝8

現代物理入門

阿部 龍蔵 著

サイエンス社

サイエンス社のホームページのご案内
http://www.saiensu.co.jp
ご意見・ご要望は　rikei@saiensu.co.jp　まで.

まえがき

　1949年11月2日，私は旧制一高（東京大学教養学部の前身）の時計台の上で3人の同級生と紙グライダーの飛ばしっこに興じていた．折から一陣の風が吹き，紙グライダーの一機はそれに乗りぐんぐん上昇しついに我々の視界から消えてしまった．当時，東京で標高が最高の建物は国会議事堂で第2位は一高の時計台と聞いていた．時計台の頂上から見渡すと，荒廃した焼け野原が延々と広がり，その彼方に国会議事堂が望まれた．翌日，ストックホルムから嬉しいニュースが送られてきた．湯川秀樹博士がノーベル物理学賞を受賞されたのである．

　あれから半世紀とちょっとの年月が経過した．東京はすっかり様変わりし，六本木ヒルズがその威容を誇っている．高層建築は次から次へと建築され，かつての時計台のランキングも多分3桁か4桁に転落したと思われる．半導体技術やコンピュータの発達は私たちの日常生活に浸透し，その進歩の速さに付いていけないほどである．本書の原稿は書院 SRⅢ というワープロで作成したが，このワープロはシャープと大学生協が共同開発したもので数式が打てるという特色がある．1991年に東大を定年退職する少し前からこのワープロを愛用してきた．しかし，ワープロはパソコンに押され，現在では全機種とも生産中止となってしまった．新聞や雑誌にワープロを懐かしむ随筆がときどき見られる．

　自動車の発達にも目を見張る．1959年から1961年までの2年間，シカゴ郊外のエバンストンという所で過ごしたが，氷川丸で2週間程かけて太平洋をわたった．シアトルに到着したとき，自動車のあまりの多さにカルチャーショックを受けた．しかし，程なく自分自身がオーナードライバーとなりアメリカの生活が楽しめた．よく通った高速道路にイーデンスのハイウェーがある．いつかその様子を8mmムービーに収めたが，日本でこういう立派な道ができるのはいつだろうと思ったものだ．その日は意外と早くやってきた．1968年に東名高速道路が開通したが，わが家から200m位離れた橋の下を東名が走っている．左側通行，右側通行の別と東名が有料，イーデンスが無

まえがき

料という別を除き橋から見る東名の姿はイーデンスとそっくりだ.

自動車を運転する人の数も圧倒的に増えた. 現在では日本人の4人に1人は運転免許証をもっている. 自動車の燃料はガソリンだがガソリンは石油から作られる. いまのペースで石油を消費しているとあと約40年で石油は枯渇するということである. 目を宇宙に転じると, 宇宙の構成物質の約3/4は水素, 約1/4はヘリウムで残りの物質は微々たるものである. 地球上で石油を取り合うのは, 蝸牛角上の争いに等しいといえないことはない. 石油と違い, 水素ガスは無公害のエネルギー源として注目され, 燃料電池として実用に供されている. その裏には物理の原理がある.

本書は, 上記のような視点を横目で見ながら書かれた現代物理学の入門書である. 現代物理学を支える二本柱は物性物理学と素粒子物理学といわれる. 物性物理学の一部である固体物理学はかつて講義をしたこともあり講義ノートが残っていた. また, 昔, 高校物理, 大学教養課程物理の教科書, 参考書などの執筆で現代物理学を担当したが, そのときの経験も役に立った. しかし, 原子核物理学, 素粒子物理学の最近の発展にはいささか不勉強であったため, 永江知文, 永宮正治共著「原子核物理学」(裳華房, 2000), 原康夫著「現代物理学」(裳華房, 1998), 原康夫著「素粒子物理学」(裳華房, 2003), 物理学辞典改訂版(培風館, 1992), 理科年表2003(丸善)などを参考にさせていただいた. 1991-2001の10年間, 放送大学の卒業研究で科学史のテーマを選ぶ方が多く, その影響と思うが, 登場人物の生年と, 存命の方を除き没年を記するようにした. また, 本書はサイエンス社発行の新物理学ライブラリ8に当たるので, これまでのスタイルを踏襲し, 左側に本文, 右側に図, 例題, 参考, 補足などを配し読みやすい形とした. さらに可能な限り肩のこらないコラム欄を随所に設けたので楽しんでいただければ幸いである.

最後に, 本書の執筆にあたり, いろいろご面倒をおかけしたサイエンス社の田島伸彦氏, 鈴木綾子氏, また刊行をお薦め下さった森平勇三社長に厚く感謝の意を表する次第である.

  2005年春

阿 部 龍 蔵

目　　次

第1章　古典物理学の概要　　1

- **1.1** 力学の基礎方程式 …………………………………… 2
- **1.2** 電磁気学の理論 …………………………………… 6
- **1.3** 熱　学 …………………………………… 8
- **1.4** 光　学 …………………………………… 10
- 　　　演 習 問 題 …………………………………… 12

第2章　古典物理学の破たん　　13

- **2.1** マイケルソン-モーリーの実験 …………………………………… 14
- **2.2** 熱 放 射 …………………………………… 16
- **2.3** レイリー-ジーンズの放射法則 …………………………………… 18
- **2.4** 低温における固体の比熱 …………………………………… 20
- **2.5** 光 電 効 果 …………………………………… 22
- **2.6** 水素原子の安定性 …………………………………… 24
- 　　　演 習 問 題 …………………………………… 26

第3章　相対性理論　　27

- **3.1** ローレンツ収縮 …………………………………… 28
- **3.2** 相対性原理 …………………………………… 30
- **3.3** ローレンツ変換の性質 …………………………………… 32
- **3.4** 質量とエネルギー …………………………………… 34
- 　　　演 習 問 題 …………………………………… 36

第4章　波と粒子　　37

- **4.1** プランクの量子仮説 …………………………………… 38
- **4.2** アインシュタインの光子説 …………………………………… 40
- **4.3** ド・ブロイの発想 …………………………………… 42
- **4.4** 電子波の応用 …………………………………… 44
- 　　　演 習 問 題 …………………………………… 46

第 5 章　水素原子模型　　47

- 5.1 水素の存在 48
- 5.2 水素の利用 50
- 5.3 水素の出す光 52
- 5.4 ボーアの水素原子模型 56
- 5.5 前期量子論 60
- 演習問題 62

第 6 章　量子力学の原理　　63

- 6.1 波動関数 64
- 6.2 シュレーディンガー方程式 66
- 6.3 確率の法則 70
- 6.4 ブラとケット 72
- 6.5 量子力学的な平均値 74
- 演習問題 76

第 7 章　量子力学の応用　　77

- 7.1 箱の中の自由粒子 78
- 7.2 固い壁間の 1 次元粒子 80
- 7.3 質量，長さ，エネルギー間の関係 82
- 7.4 水素原子の基底状態 84
- 7.5 電子の存在確率 88
- 演習問題 90

第 8 章　固体の物性　　91

- 8.1 固体の周期場 92
- 8.2 ブロッホの定理 94
- 8.3 格子と逆格子 98
- 8.4 フェルミ分布 100
- 8.5 導体と絶縁体 102
- 8.6 半導体 104
- 8.7 電子技術 106
- 演習問題 108

目　次　　　　　　　　v

第9章　原　子　核　　109

9.1　原子核の発見と大きさ 110
9.2　陽子と中性子 112
9.3　質量欠損と結合エネルギー 116
9.4　放射性原子核 118
9.5　原子核の人工変換 122
9.6　核　分　裂 126
9.7　核　融　合 128
　　　演　習　問　題 130

第10章　素　粒　子　　131

10.1　物質の究極 132
10.2　粒子と反粒子 134
10.3　素粒子の検出 138
10.4　加　速　器 140
10.5　核　　力 142
10.6　素粒子の性質 146
10.7　クォーク 150
　　　演　習　問　題 152

演習問題略解　　　　　　　　153
索　　引　　　　　　　　　　172

第1章

古典物理学の概要

　19世紀までに発展し，完成させられたニュートンの力学，マクスウェルの電磁気学を**古典物理学**という．この2つをいわば二本柱として力学，電磁気学，熱学，光学などが進展してきたが，古典物理学の成果は日常生活に取り入れられ，私たちを物質的に豊かにしてくれた．一方，20世紀に入ると，古典物理学では説明のできない現象が次々と見つかり，相対性理論と量子力学が発展してきた．この2つは現代物理学を支える二本柱であるが，本書は現代物理学をなるべくやさしい形で紹介することを目的とする．本章ではその準備段階として古典物理学の概要を述べる．

---- 本章の内容 ----
1.1　力学の基礎方程式
1.2　電磁気学の理論
1.3　熱　学
1.4　光　学

1.1 力学の基礎方程式

運動の法則　物体に働く力と運動との関係を調べる物理学の分野を**力学**という．力学の問題を考えるとき，物体を理想化し，質量はもつが数学的には点（**質点**）と考えられるものを想定すると便利である．物体の運動を記述するための基本的な法則は，ニュートンによって発見された次の 3 つの**運動の法則**である．

第一法則　力を受けない質点は，静止したままであるか，あるいは等速直線運動を行う．

第二法則　質量 m の質点に力 $\boldsymbol{F}$ が作用すると，力の方向に加速度 $\boldsymbol{a}$ を生じ，加速度の大きさは F に比例し m に逆比例する．

第三法則　1 つの質点 A が他の質点 B に力 $\boldsymbol{F}$ を及ぼすとき，質点 A には質点 B による力 $-\boldsymbol{F}$ が働く．この場合，$\boldsymbol{F}, -\boldsymbol{F}$ は A，B を結ぶ直線に沿って働く．

> 第一法則を**慣性の法則**ともいう．

> 第三法則を**作用反作用の法則**ともいう．

ニュートンの運動方程式　運動の第二法則によると，質量 m，加速度 $\boldsymbol{a}$，力 $\boldsymbol{F}$ の間には，$m\boldsymbol{a} = k\boldsymbol{F}$ という関係が成り立つ（k：比例定数）．力の単位を適当に選んで $k = 1$ ととれば，第二法則は $m\boldsymbol{a} = \boldsymbol{F}$ と書ける．質点の位置ベクトルを $\boldsymbol{r}$，時間を t とすれば

$$\boldsymbol{a} = \frac{d^2 \boldsymbol{r}}{dt^2}$$

が成り立つので

$$m\boldsymbol{a} = m\frac{d^2 \boldsymbol{r}}{dt^2} = \boldsymbol{F} \qquad (1.1)$$

と表される．これを**ニュートンの運動方程式**という．

> ニュートンの運動方程式を単に**運動方程式**という．

> SI はフランス語で Système International d'Unités の略である．

力の単位　長さ，質量，時間の単位としてそれぞれ m, kg, s を使うとき，これを **MKS 単位系**とか，**国際単位系**（**SI**）という．SI では質量 1 kg の質点に作用し 1 m/s^2 の加速度を生じるような力が力の単位となり，これを 1 **ニュートン**（**N**）という．

1.1 力学の基礎方程式

例題 1 力の x, y, z 成分を F_x, F_y, F_z とするとき運動方程式はどのように表されるか．

解 $\boldsymbol{r}$ の x, y, z 成分を x, y, z とすれば，(1.1) は

$$m\frac{d^2x}{dt^2} = F_x, \quad m\frac{d^2y}{dt^2} = F_y, \quad m\frac{d^2z}{dt^2} = F_z \qquad ①$$

と表される．

参考 因果律 F_x, F_y, F_z が $\boldsymbol{r}, \boldsymbol{v}$ $(= d\boldsymbol{r}/dt), t$ の関数としてわかっていれば，①の微分方程式を解き，x, y, z が t の関数として決まる．ただし，微分方程式の解の中には積分のため現れる任意定数が含まれるのでそれらを決定する必要がある．ある時刻（例えば $t = 0$）において，質点の位置 $\boldsymbol{r}_0$，初速度 $\boldsymbol{v}_0$ を指定するという条件がよく使われる．この条件を**初期条件**という．初期条件を与えると，①の解は一義的に決定され，したがって質点の運動も確定する．この性質を**因果律**が成り立つという．一般に，古典物理学は因果律によって支配されていると考えてよい．

> 因果律とは原因を与えると結果が決まるという意味である．

補足 ベクトルの式と成分の式　上の例題 1 で見たように，ベクトルに対する方程式 (1.1) を成分で表すと①のような 3 つの方程式で書ける．逆にいうと，①の方程式をまとめて表したものが (1.1) である．このようなベクトル記号を用いると方程式の形が簡単化されることは明らかである．運動方程式を数学的に解くには①のような微分方程式を使う必要があるが，(1.1) は加速度と力との関係を与え物理的な意味は明確である．このような点で物理法則をベクトルで表すことが多い．

=== ニュートンのプリンキピア ===

ニュートン（1642-1727）は力学の基礎を確立した物理学史上の巨人である．彼は 1687 年にプリンキピアという有名な著書を発刊したが，上述の運動の法則はこの著書の中で述べられている．1987 年はちょうどプリンキピア 300 周年にあたり，イギリスではそれを記念し，図 1.1 のような 4 種類の記念切手が発行された．ニュートンとリンゴとは密接な関係をもつが，18 ペンスの切手はリンゴをかたどっている．この切手は日本物理学会誌 1987 年 8 月号の表紙を飾り，カラー刷りの美しい図柄は同会員の目を見張らさせた．また 34 ペンスの切手には地球を周回する人工衛星が描かれている．

図 1.1 ニュートンの記念切手

質点系の力学　多数の質点の集合を**質点系**という．質点系に含まれる質点に注目したとき，質点系の外部からこの質点に働く力を**外力**，質点系内の他の質点からこの質点に働く力を**内力**という．i 番目の質点の質量を m_i，位置ベクトルを r_i，これに働く外力を F_i とすれば

$$\sum m_i \frac{d^2 r_i}{dt^2} = \sum F_i \quad (1.2)$$

が成り立つ．ただし，$\sum$ は質点系中のすべての質点に関する和である．

> 質点系の全質量 M に対し
> $$M r_\mathrm{G} = \sum m_i r_i$$
> の r_G を**重心の位置ベクトル**という．(1.2) の右辺を F と書けば
> $$M \frac{d^2 r_\mathrm{G}}{dt^2} = F$$
> という (1.1) と同じ形の方程式が成り立つ．

剛体の運動方程式　力を加えても変形しないような理想的に堅い固体を想定し，これを**剛体**という．一般に有限な物体を多数の微小部分に分割し，各微小部分を質点で代表させれば，有限な物体は一種の質点系であるとみなされる．したがって，剛体の場合にも (1.2) が成り立つとしてよい．ただし，剛体では各質点間の距離は一定であるとする．剛体の重心の運動は左の注に示すように，質点と同じ方程式で記述される．

角運動量　剛体の重心のまわりの回転運動を考えるため，一般に点 O から見た質点の位置ベクトルを r，質点の速度を v，質点の**運動量** p を $p = mv$ で定義する．このとき $l = r \times p$ で定義される l を質点の点 O のまわりの**角運動量**という．図 **1.2** に示すように，l は r, p を含む平面と垂直である．質点系の場合には各質点の角運動量の総和を**全角運動量**といい，これを L で表せば，L は次式のように書ける．

> 運動量は速度と同じようなものであるが，量子力学では速度より基本的な量であるとされている．

$$L = \sum (r_i \times p_i) \quad (1.3)$$

L に対して

$$\frac{dL}{dt} = \sum (r_i \times F_i) \quad (1.4)$$

の方程式が成り立つ．量子力学的な粒子は自転に対応する**スピン角運動量**をもつが，これと区別し (1.3) を**軌道角運動量**とよぶ場合がある．

> 軌道角運動量と区別し，スピン角運動量を**固有角運動量**という．

参考 宇宙速度　物体をある高さから水平方向に投げると，物体は放物運動してある距離に到達したとき地表に達する．その様子を地球的な規模で描いたのが図 1.1 の 34 ペンスの記念切手である．この切手の R というところから物体を水平に投げ出したとき速さが大きくなるにつれ着地点は D, E となり，ついにはある速さに達したとき物体は地球のまわりを回転するようになる．この速さを**第一宇宙速度**という．

ロケットを打ち上げ，これを地球の引力圏外に飛び出させるのに最小限必要な速さを**第二宇宙速度**という．この速さは第一宇宙速度の $\sqrt{2}$ 倍である．

第一宇宙速度は人工衛星を実現するために必要な速さである．

補足 第一宇宙速度 v_1，第二宇宙速度 v_2 の表式　地球は完全な球であるとみなし，その半径を a とする（図 1.3）．地表での重力加速度を g とすれば，v_1, v_2 は次式で与えられる．

$$v_1 = \sqrt{ga} \qquad ②$$
$$v_2 = \sqrt{2ga} \qquad ③$$

$g = 9.81\,\mathrm{m/s^2}, a = 6.37 \times 10^6\,\mathrm{m}$ を代入すると②，③から

$$v_1 = 7.9\,\mathrm{km/s}, \quad v_2 = 11.2\,\mathrm{km/s}$$

と計算される．

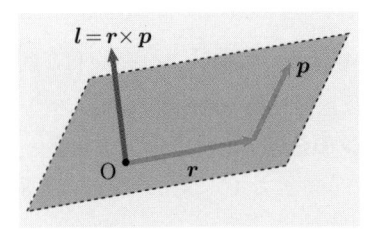

図 1.2　質点の角運動量　　図 1.3　地球の半径 a

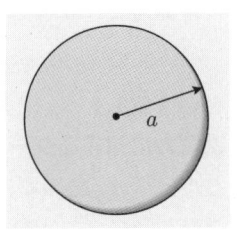

=========== スプートニクの打ち上げ ===========

1957 年 10 月 4 日，ソ連（当時）は V2 号を改良したロケットを使い人類初の人工衛星スプートニクを打ち上げた．第一宇宙速度を実現すれば人工衛星が可能なことは古典物理学でわかっていて，人工衛星の打上げそのものは物理学の発展になったわけではない．しかし，この打上げは人類に多大な恩恵をもたらした．例えば，メジャーリーグの生放送がみられるのもその恩恵の 1 つである．

1.2 電磁気学の理論

電気力に対するクーロンの法則　電荷だけをもち点とみなせるものを**点電荷**という．2つの点電荷があるとき，一方の電荷を q，他方の電荷を q'，点電荷間の距離を r とすれば，両者間に働く力は

$$F = \frac{1}{4\pi\varepsilon_0}\frac{qq'}{r^2} \tag{1.5}$$

と書ける．ただし，$F>0$ は斥力，$F<0$ は引力を表す．(1.5) を**クーロンの法則**，またこのような電気的な力を**クーロン力**という．(1.5) 中の ε_0 は**真空の誘電率**で，その値は次式で与えられる．

$$\varepsilon_0 = \frac{10^7}{4\pi c^2}\frac{\text{C}^2}{\text{N}\cdot\text{m}^2} = 8.854\times 10^{-12}\frac{\text{C}^2}{\text{N}\cdot\text{m}^2} \tag{1.6}$$

> 点電荷は力学での質点と似た概念を表す．
>
> $c = 299792458\text{m/s}$ は真空中の光速の定義である．
>
> MKS に電流の単位アンペア（**A**）を加えた単位系を **MKSA** という．

電荷の単位　SI では力に N，距離に m の単位を使うが，電荷の単位は**クーロン**(C) である．陽子のもつ電荷を e，電子のもつ電荷を $-e$ とするが，e は**電気素量**または**素電荷**とよばれ

$$e = 1.602 \times 10^{-19}\,\text{C} \tag{1.7}$$

という値をもつ．これは電荷の最小単位である．

磁気力に対するクーロンの法則　真空中で点磁荷 q_m と点磁荷 q'_m との間に働く磁気力 F に対して (1.5) と同様なクーロンの法則が成り立ち，F は

$$F = \frac{1}{4\pi\mu_0}\frac{q_\text{m} q'_\text{m}}{r^2} \tag{1.8}$$

と表される．電気の場合の ε_0 に対応する定数 μ_0 を**真空の透磁率**という．μ_0 が

$$\mu_0 = 4\pi \times 10^{-7}\frac{\text{N}}{\text{A}^2} \tag{1.9}$$

となるように定めた磁荷の単位を**ウェーバ**（Wb）という．ウェーバはドイツの物理学者ウェーバー (1804-1891) にちなんで命名された．

1.2 電磁気学の理論

例題 2 電気力に対するクーロンの法則を
$$F = k\frac{qq'}{r^2} \quad ④$$
と書いたときの比例定数 k は用いる単位系によって違う．SI における k を求めよ．

解 c はほぼ $c = 3.00 \times 10^8$ m/s と考えてよいので，k は以下のように計算される．
$$k = \frac{c^2}{10^7}\frac{\text{N}\cdot\text{m}^2}{\text{C}^2} = 9.00 \times 10^9 \frac{\text{N}\cdot\text{m}^2}{\text{C}^2} \quad ⑤$$

(1.5) は真空の場合に正しい式だが，空気中でもほとんど同じである．

例題 3 水素原子は 1 個の陽子と 1 個の電子とから構成される．その基底状態（エネルギー最低の状態）では，陽子・電子間の距離は 5.3×10^{-11} m である．陽子と電子との間に働くクーロン力の大きさは何 N か．

解 電気素量を e とすると，陽子は e，電子は $-e$ の電荷をもち，(1.7) により $e = 1.6 \times 10^{-19}$ C と書けるので④，⑤を使い
$$F = 9.0 \times 10^9 \times \frac{1.6^2 \times 10^{-38}}{5.3^2 \times 10^{-22}} \text{N} = 8.2 \times 10^{-8} \text{N}$$
となる．

巨視的な物体のもつ電気量は e の整数倍だが，粒子数が莫大なので電気量は連続と考えてよい．

[参考] **マクスウェルの方程式** 電磁場中の点電荷 q に働く力 $\boldsymbol{F}$ を
$$\boldsymbol{F} = q\boldsymbol{E} \quad ⑥$$
と書いたときの $\boldsymbol{E}$ を**電場**という．同様に点磁荷 q_m に働く力を
$$\boldsymbol{F} = q_\text{m}\boldsymbol{H} \quad ⑦$$
と表したときの $\boldsymbol{H}$ が**磁場**である．$\boldsymbol{E}, \boldsymbol{H}$ は一般に場所 $\boldsymbol{r}$，時間 t の関数であるが，マクスウェル (1831-1879) は 1864 年
$$\text{div}\,\boldsymbol{D} = \rho, \qquad \text{div}\,\boldsymbol{B} = 0 \quad ⑧$$
$$\text{rot}\,\boldsymbol{E} + \frac{\partial \boldsymbol{B}}{\partial t} = 0, \quad \text{rot}\,\boldsymbol{H} - \frac{\partial \boldsymbol{D}}{\partial t} = \boldsymbol{j} \quad ⑨$$
という方程式を提唱した．ここで，$\boldsymbol{D}, \boldsymbol{B}, \boldsymbol{j}$ はそれぞれ**電束密度，磁束密度，電流密度**で次のように表される．
$$\boldsymbol{D} = \varepsilon\boldsymbol{E}, \quad \boldsymbol{B} = \mu\boldsymbol{H}, \quad \boldsymbol{j} = \sigma\boldsymbol{E} \quad ⑩$$
上記の⑧，⑨を**マクスウェルの方程式**というが，これらは電磁場の挙動を記述する基本的な方程式であると考えられている．

ε を**誘電率**，μ を**透磁率**，σ を**電気伝導率**という．

1.3 熱学

熱の本性　近代化学の祖と仰がれるフランスの化学者ラヴォアジエ (1743-1794) は熱を物質とみなす立場と物質の分子の微小振動と考える立場の両者があることを知っていた．彼は最終的には前者に立ち，熱の物質をカロリックとよんだ．両者の立場が同じ結果を導くことは当時から知られていたが，現在では後者が正しいと考えられている．

> カロリックは日本語では熱素と訳されているが，これは熱を意味するラテン語の calor に由来する．

カロリーとジュール　カロリーは熱量を表す単位であるが，その語源はカロリックからきている．1gの水の温度を1Kだけ高めるのに必要な熱量が1カロリー (cal) である．カロリーは仕事の単位であるジュール (J) と密接に関係している．すなわち，仕事 ⇌ 熱 の変換が起こるとき，一定の仕事 W J は常にある一定の熱量 Q cal に相当し，両者間には

$$W = JQ \tag{1.10}$$

が成立する．J を熱の仕事当量といい，その値は

$$J = 4.19\,\mathrm{J/cal} \tag{1.11}$$

と測定されている．

分子運動論　容器に密閉された気体の分子の速度はある統計的な分布をする．気体分子を質点としたとき，分子の運動エネルギー e の平均値は

$$\langle e \rangle = \frac{3}{2} k_\mathrm{B} T \tag{1.12}$$

で与えられる．ここで k_B はボルツマン定数で，気体定数を R，モル分子数を N_A とするとき

$$k_\mathrm{B} = \frac{R}{N_\mathrm{A}} \tag{1.13}$$

と定義される．k_B は

$$k_\mathrm{B} = 1.38 \times 10^{-23}\,\mathrm{J/K} \tag{1.14}$$

と表される．

> (1.12) で T は体系の絶対温度を意味する．

参考 **1次元調和振動子のエネルギー** 一直線（x軸）上で原点Oを中心として角振動数ωで単振動する質量mの質点を考える．このような体系を**1次元調和振動子**という．この力学的エネルギーeは次のように表される．

$$e = \frac{p^2}{2m} + \frac{m\omega^2 x^2}{2} \qquad ⑪$$

このような1次元調和振動子が温度Tにあるとき，運動エネルギー，位置エネルギーの平均値はともに$k_B T/2$でeの平均値は

$$\langle e \rangle = k_B T \qquad ⑫$$

と表される．

⑪右辺の第1項，第2項がそれぞれ運動エネルギー，位置エネルギーである．

補足 **熱力学第一法則** 物体の内部に存在するエネルギーを**内部エネルギー**といい，通常Uで表す．Uは微視的には体系を構成する粒子の運動エネルギーと粒子間の位置エネルギーの和である．体系に仕事Wと熱量Qが加わると$W+Q$だけ内部エネルギーが増加する．これを**熱力学第一法則**という．

熱力学第一法則は一般的なエネルギー保存則の特別な場合である．

例題 4 体積を一定に保ち1モルの物質の温度を1Kだけ高めるのに必要な熱量をその物質の**定積モル比熱**といい，通常C_Vの記号で表す．各格子点が独立に同じ角振動数ωで振動すると考える格子振動の模型を**アインシュタイン模型**という．体系の内部エネルギーは格子振動の運動エネルギーであると仮定し，単原子分子から構成されるアインシュタイン模型のC_Vは$C_V = 3R$であることを示せ．

解 各格子点はx, y, z方向に振動するのでその自由度は3である．したがって，1モルの体系の内部エネルギーは⑫を使い$U = 3N_A k_B T = 3RT$となる．体積が一定だと体系に加わる仕事は0なので，体系に与えられる熱量が内部エネルギーの増加分となる．このため，次のようになる．

$$C_V = \frac{\partial U}{\partial T} = 3R$$

参考 **デュロン-プティの法則** 気体定数をカロリー単位で表すと$C_V = 6\,\mathrm{cal/mol \cdot K}$となり，これを**デュロン-プティの法則**という．図1.4に銅のC_Vの実験結果を示す．$T \to 0$で$C_V \to 0$となるがこれは低温領域での古典物理学の破たんを意味する．

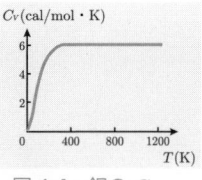

図 1.4 銅の C_V

1.4 光　学

$1\,\text{nm} = 10^{-9}\,\text{m}$

マクスウェルはガンのため48歳で若死にしたが，せめて60歳まで生きていれば電磁波の存在に立ち会うことができた．

光の反射や屈折を応用した器械を**光学器械**という．眼鏡，カメラ，望遠鏡，顕微鏡，ビデオカメラなどの光学器械は広く利用されている．

音波の波長は数m程度で障害物の大きさと同程度であるため，回折がよく起こる．このため音波をシャットアウトするのは容易でなく騒音対策は簡単ではない．

光線　　可視光は，波長が約 400 nm の紫色から約 800 nm の赤色の範囲にある電磁波である．⑧，⑨の方程式をもとに ε, μ が一定，$\rho = j = 0$ の条件下で E, H が速さ $c = 1/(\varepsilon\mu)^{1/2}$ の波で伝わることが示され，これが電磁波である．可視光の波長は，通常の物体の大きさに比べ圧倒的に小さいため，普通その波動性を忘れてもかまわない．こうして，光の進行は線で記述することができる．光の進む線を**光線**という．

幾何光学　　光を光線で表し，光線の進む様子を幾何学的に調べる立場を**幾何光学**という．光は物体の表面で反射されるし，性質の違う一方の物質から他方の物質に入るとき，光線はその進行方向が曲げられる．この現象を光の**屈折**という．

波動光学　　光の性質を波の立場から研究する分野を**波動光学**という．波の示す重要な性質は**干渉**，**回折**である．光は波の性質をもつため，障害物にさえぎられたときその障害物の陰に達する．これを回折という．一般に，波長が障害物の大きさと同程度か，それより大きいとき，回折が起こりやすい．光の波長は通常の物体の大きさよりはるかに小さいため，普通，回折は起こらず光が障害物に当たったとき，障害物通りの陰ができる．光の回折を観測するには，波長と障害物の大きさを同程度にする必要がある．

光の回折　　光の場合，障害物を小さくするため，図**1.5**に示すように，右手と左手の人差指を密着させ，指と指との間から外界を覗くとする．指と指が完全に密着していれば外のものは何も見えないが，すきまをほんの少しあけると外の様子が見えてくる．それと同時にすきまに沿って平行に並ぶ何本かの暗い線が観測される．この縞模様は回折像を表し，光が波であることの1つの証拠である．

1.4 光学

[補足] レーザー光　自然光はいろいろな波長の光を含んでいるため，レンズで光を集めても 1 つの点に焦点を結ばない [図 1.6(a)]．これに対しレーザー光は同じ方向に進む単波長の光であるから，レンズにより 1 点に集まる [図 1.6(b)]．このため，レーザーでは小さな点に大きなエネルギーを集中することができ，材料の加工，医療，光通信など広い分野でレーザー光が利用されている．

[参考] CD と DVD　音声を記録するのに SP，LP のレコード盤とか，磁気を利用した磁気テープなどが使われた．現在の記録の主流は光ディスクで光によって情報の読み出しや書き込みが行われている．録音ではコンパクト・ディスク（CD）が，録画では DVD が利用されている．これらのディスクでは情報がデジタルに記録されるので，情報の劣化が起こらずその永久保存が可能である．

レーザーは light amplification by stimulated emission of radiation のイニシアルをとった laser にその起源をもつ．

DVD は digital versatile disc の略．走攻守そろった万能選手を英語で versatile player という．

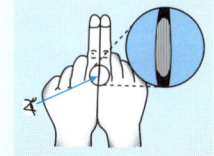

図 1.5　光の回折

(a) 自然光　　(b) レーザー光

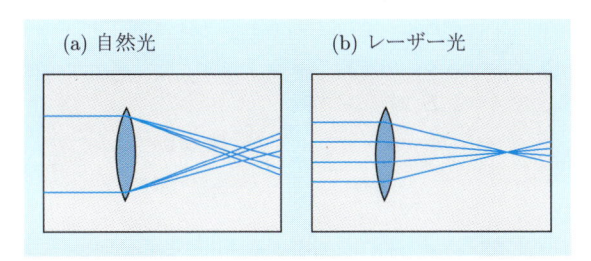

図 1.6　自然光とレーザー光

[補足] 光の分散と色収差　自然光はいろいろな波長の光を含むので，レンズの屈折率が波長によって異なる現象（分散）のための色収差を生じる．これに対しレーザー光は単波長の光であるため色収差を起こさない．

=== アメリカの実力 ===

　著者は 1959 年から 1961 年までアメリカのノースウエスタン大学の研究員を務めた．最近，そのときの同窓会が行われたが，これが機になり滞米中に撮ったカラースライドの整理を始めた．45 年程経つのだが褪色はほとんど見られない．某遊園地で撮ったジェットコースターのプリントはまるで昨日撮ったと思えるほど鮮やかである．これこそアメリカの実力と認識され，記録の永久保存に一歩近づいていると思われた．

演習問題 第1章

1. 物体が高さ 30m のところから自由落下したとして次の量を求めよ（重力加速度は $g = 9.81\,\mathrm{m/s^2}$）．
   (a) 物体が地表に到達するまでの時間
   (b) 物体が地表に達したときの速さ

2. 地球を周回する人工衛星に対して，第一宇宙速度を求めよ．[衛星と地球との間の万有引力が人工衛星に働く向心力である．]

3. x 軸上で原点 O を中心として角振動数 ω で単振動する質量 m の質点がある．次の問に答えよ．
   (a) 初期位相を α として，質点の座標 x，その運動量 p を時間 t の関数として求めよ（振幅を a とする）．
   (b) 体系の力学的エネルギー e を計算せよ．

4. $2\,\mu\mathrm{C}$ と $3\,\mu\mathrm{C}$ の点電荷が $0.2\,\mathrm{m}$ だけ離れて置かれているとき，その間のクーロン力の大きさは何 N か．

5. マクスウェルの方程式で $\rho = j = 0$ とし，ε, μ が一定と仮定すると，E, H に対する

$$\mathrm{div}\,\boldsymbol{E} = 0, \qquad \mathrm{div}\,\boldsymbol{H} = 0$$

$$\mathrm{rot}\,\boldsymbol{E} + \mu\frac{\partial \boldsymbol{H}}{\partial t} = 0, \quad \mathrm{rot}\,\boldsymbol{H} - \varepsilon\frac{\partial \boldsymbol{E}}{\partial t} = 0$$

が得られる．E, H は平面波で空間中を伝わるとし

$$\boldsymbol{E} = \boldsymbol{E}_0 e^{i(\omega t - \boldsymbol{k}\cdot\boldsymbol{r})}, \quad \boldsymbol{H} = \boldsymbol{H}_0 e^{i(\omega t - \boldsymbol{k}\cdot\boldsymbol{r})}$$

とする．このような電磁波の性質について考察せよ．

6. 圧力を p，体積を V，絶対温度を T，エントロピーを S とすれば，熱力学第一法則から内部エネルギーの増加分に対し

$$dU = -pdV + TdS$$

が成り立つ．ヘルムホルツの自由エネルギー F は $F = U - TS$ と定義されるが，F に対する

$$dF = -pdV - SdT$$

の関係を導け．

第2章

古典物理学の破たん

　音が伝わるのは空気の振動が波の形で広がるからである．この場合，空気は波を伝える媒質としての役割を果たす．電磁波の場合には，例えば宇宙のかなたの星からも光がやってくるから，真空でも電磁波は伝わると考えられる．このため，電磁波を伝える媒質として古典物理学ではエーテルという仮想的な物質が導入された．しかし，1887年に発表されたマイケルソン-モーリーの実験でその存在が否定され，これは相対性理論の誕生をもたらした．一方，鉄を熱すると赤くなり，赤熱状態になることはよく知られている．古典物理学の立場ではどうしてもこの簡単な現象を理解することができない．本章では古典物理学の破たんを意味するいくつかの現象や事項を紹介する．

---**本章の内容**---
2.1 マイケルソン-モーリーの実験
2.2 熱放射
2.3 レイリー-ジーンズの放射法則
2.4 低温における固体の比熱
2.5 光電効果
2.6 水素原子の安定性

2.1 マイケルソン-モーリーの実験

音のドップラー効果　音波を s とすれば，x 方向に等速度 v で運動する座標系にいる人には，音速は $s-v$ と表される（例題 1）．このような見かけ上の音速の違いにより，発音体が近づいてくるとき波長は短くなって高い音が聞こえ，逆に発音体が遠ざかっていくとき波長は長くなって低い音が聞こえる．この現象は**ドップラー効果**とよばれる．

エーテル　音波の媒質が空気であるのと同じように，かつて光波を伝える媒質としてエーテルというものが存在し，エーテルは宇宙空間に静止しているとしてそれと相対運動する場合，光速が変わると信じられていた．

マイケルソン-モーリーの実験　エーテルの存在を実験的に検証する目的のため，マイケルソンとモーリーは次のような実験を行った．地球は自転，公転のため宇宙空間を運動するので，エーテルがあれば光の進む向きにより光速が違うはずである．図 **2.1** に示すように，光源 S を出た光が平行平面 M で 2 つの路に分かれ，1 つは平面鏡 P で 1 つは平面鏡 Q で反射し，ともに MO を通って望遠鏡 O に入るとする．装置全体は図のように v の速さで宇宙空間内を運動すると仮定する．エーテルに対する光の速さを c，光が MQ, MP を往復する時間を t_1, t_2 とする．MP = MQ = l とすれば t_1, t_2 はそれぞれ

$$t_1 = \frac{2lc}{c^2 - v^2}, \quad t_2 = \frac{2l}{\sqrt{c^2 - v^2}} \qquad (2.1)$$

と求まる（右ページの補足）．これから

$$\frac{t_2}{t_1} = \frac{1}{\sqrt{1-\beta^2}} > 1, \quad \beta = \frac{v}{c} \qquad (2.2)$$

が得られる．β は 10^{-4} の程度で，この程度の差は検出可能である．しかし，実際はこのような差が認められず，エーテルの存在は否定された（演習問題 1, 2）．

ドップラー効果は日常的によく観測される現象である.

M は半透明の鏡で当たった光の一部は透過するが一部は反射する.

(2.2) で定義される β という記号は相対性理論でよく使われる.

2.1 マイケルソン-モーリーの実験

例題1 2つの座標系 O 系と O′ 系があり，$t=0$ で両者は一致するものとする．O 系は静止しているが，O′ 系が x 方向に等速度 v で運動するとき，O 系で見る質点の速度 $\boldsymbol{v}$ とその質点を O′ 系で見るときの速度 $\boldsymbol{v}'$ の関係について述べよ．

解 O 系，O′ 系での質点の座標を (x,y,z), (x',y',z') とすれば

$$x = x' + vt, \quad y = y', \quad z = z' \qquad ①$$

となる．①を時間で微分すると

$$v_x = v_{x'} + v, \quad v_y = v_{y'}, \quad v_z = v_{z'} \qquad ②$$

が得られる．

①を**ガリレイ変換**という．

補足 t_1, t_2 の表式 図 2.1 で光が M から Q へ向かうとき，光は宇宙空間に対し c の速さで伝わるが，装置全体が宇宙空間に対して v の速さで運動するので装置が静止した座標系から見た光の速さは $c-v$ となる．逆に Q から M の向きの光が進むときには，装置から見た光の速さは $c+v$ である．よって，t_1 は

$$t_1 = \frac{l}{c-v} + \frac{l}{c+v} = \frac{2lc}{c^2 - v^2} \qquad ③$$

と計算される．一方，時刻 0 で光源 S を出た光は単位時間後には図 2.2 のように S を中心とする半径 c の球に達する．この間に S は v だけ移動して点 A にくるが，AB 間の距離が MP 方向の光の速さ $v_\perp$ に等しく

$$v_\perp = \sqrt{c^2 - v^2} \qquad ④$$

が得られる．$t_2 = 2l/v_\perp$ が成り立つので④から (2.1) の右式が導かれる．

左の t_1, t_2 の計算ではエーテルの存在を前提としている．

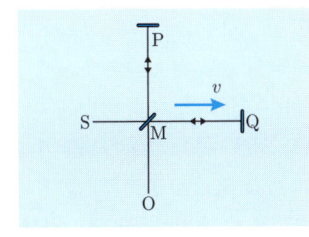

図 2.1 マイケルソン-モーリーの実験

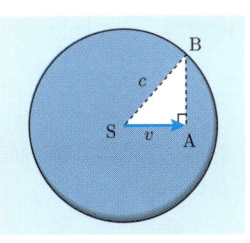

図 2.2 $v_\perp$ の計算

2.2 熱放射

熱の移動　熱は，常に高温の部分から低温の部分へと移動していく．熱の移動の仕方については次のように伝導，対流，放射の3種類がある．

① **熱伝導**　熱が中間の物質を通して，次から次へと高温物体から低温物体へ移動していく現象を**熱伝導**という．

② **対流**　流体の入っている容器の底の部分に熱を加えると，その部分の流体は熱膨張により密度が減少し，軽くなって上昇する．その結果，まわりから低温の流体が流れ込み，この過程をくり返すことにより，流体全体の温度が高くなる現象を**対流**という．

> 風呂を沸かすとき対流の効果を利用している．

③ **熱放射**　熱を伝える中間物質の有無に関係なく，直接に高温物体から低温物体に熱が移動する現象を**熱放射**という．ストーブからの熱の移動は，主に熱放射によるもので，物体はその温度で決まる熱線（電磁波）を出す．熱線は**赤外線**とよばれる電磁波の一種である．

> 波長約 800 nm～4 μm の赤外線を**近赤外線**といい，テレビのリモコンに使われる．波長 4 μm～1 mm の**遠赤外線**は加熱，乾燥効果をもつ．

熱した鉄　鉄を熱すると赤く光る（赤熱する）ようになり，さらに高温に熱すると白く光ったり（白熱）する．このように，物体の表面から光（一般には電磁波）が放出される現象が熱放射である．常温の鉄も熱放射を行っている．ただ，波長の長いものだけなので目に見えない．右ページの参考で示すように，サーモグラフィーはこのような熱放射を目に見える形にしてくれる．

太陽定数　太陽はその表面から電磁波をまわりの空間に放射している．地球上の植物は，この光のエネルギーを利用し光合成を行う．地球上でわれわれが利用するエネルギーは，多かれ少なかれ，その源を太陽の出すエネルギーに仰いでいる．太陽エネルギーが100％地表に達すると仮定したとき，地表で日光に垂直な平面が1分間に受けとるエネルギーは約 2.0 cal でこれを**太陽定数**という．

> 石炭，石油などの化石燃料も結局は過去の太陽エネルギーを蓄えたものである．

2.2 熱放射

例題 2 1辺が $10\,\mathrm{cm}$ の立方体の容器の中に，水をいっぱいに入れた．日光が鉛直方向から $30°$ の角度をなして水の表面に当たるとして，次の問に答えよ．ただし，太陽エネルギーの 40 % が地表に達するとし，太陽定数を $2.0\,\mathrm{cal/cm^2 \cdot min}$ とする．

(a) 毎分当たり，水に与えられる太陽エネルギーは何 cal か．
(b) 1 時間放置したとき，水の温度は何度上がるか．ただし，水から熱は逃げないとする．

> min は minute を表す．

解 (a) 日光と垂直な水面の断面積は

$$10\,\mathrm{cm} \times 10\,\mathrm{cm} \times \cos 30° = 86.6\,\mathrm{cm^2}$$

である（図 2.3）．この面積 $1\,\mathrm{cm^2}$ を通し 1 分間に $2.0\,\mathrm{cal} \times 0.4 = 0.8\,\mathrm{cal}$ が加わるから，求める太陽エネルギーは次のようになる．

$$86.6 \times 0.8\,\mathrm{cal/min} = 69.3\,\mathrm{cal/min}$$

(b) 容器中の水の質量はちょうど $1000\,\mathrm{g}$ である．1 時間の間に水に加わる熱量は (a) で求まった値を 60 倍し $69.3 \times 60\,\mathrm{cal} = 4158\,\mathrm{cal}$ と計算される．したがって，水の温度上昇は $4158/1000\,\mathrm{K} = 4.2\,\mathrm{K}$ となる．

参考 **サーモグラフィー** 熱放射する物体があるとき，その波長分布は物体の温度によって違ってくる．この性質を利用すると，熱放射の波長から物体の温度を測り，物体の温度分布を色によって表示することができる．このような方法を**サーモグラフィー**といい，一例を図 2.4 に示す．この方法を利用すると，体の各部分の温度を色で表すことが可能となるので，サーモグラフィーは医療などに使われている．

> 実際は高温部分を赤，低温部分を青で表すので温度分布を簡単に見ることができる．

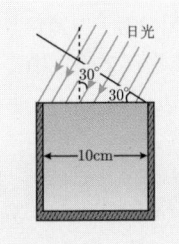

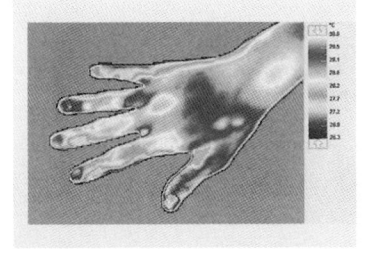

図 2.3 日光と垂直な断面　図 2.4 サーモグラフィーで見た人の手（「物理のトビラをたたこう」，阿部龍蔵，岩波ジュニア新書，2003）

2.3 レイリー-ジーンズの放射法則

黒体放射　物体の表面に電磁波が当たったとき，表面は電磁波の一部を反射し，残りを吸収する．特に全然反射をせず，当たった電磁波をすべて吸収してしまうものを**完全黒体**あるいは単に**黒体**という．電磁波を通さない空洞を作り小さい孔をあけ，これを外部から見ると，孔に当たった電磁波は反射されずすべて空洞の中に吸収される．よって，孔の部分は黒体の表面と同じ役割をもつ．

> 完全黒体の熱放射はその絶対温度に依存する．

熱放射する物体が，どんな波長の光をどんな割合で放出するかは，その表面によって異なる．黒体の場合，放射エネルギーの波長分布あるいは振動数分布は図 **2.5** の **(a)** または **(b)** のように表される．すなわち，**(a)** の横軸は波長（単位 μm），**(b)** のは振動数（単位 10^{14} Hz）である．このような黒体の熱放射を**黒体放射**という．

レイリー-ジーンズの放射法則　図 **2.5** の放射エネルギーに対する曲線を理論的に導くことは，19 世紀末の物理学者に与えられた 1 つの大きな課題であった．前述のように，黒体放射は空洞放射と同じなので，この問題を扱うには，絶対温度 T で囲まれた空洞内における電磁波のエネルギー分布を考察すればよい．その空洞に小さな孔をあけたときに外部へ放出される電磁波が黒体の表面から放出されるものと同じだからである．

> 電磁波の体系と調和振動子の集合との等価性については，例えば江沢洋著「量子力学 (II)」（裳華房，2002）を参照せよ．

空洞内に閉じ込められた電磁波は調和振動子の集合と等価である．この点に注意すると，古典物理学の立場では体積 V の空洞中で振動数が ν と $\nu + d\nu$ の範囲内にある電磁波のエネルギー $E(\nu)d\nu$ は

$$E(\nu)d\nu = \frac{8\pi k_{\mathrm{B}} T V}{c^3} \nu^2 d\nu \qquad (2.3)$$

で与えられる（例題 3，演習問題 3）．これを**レイリー-ジーンズの放射法則**という．

2.3 レイリー-ジーンズの放射法則

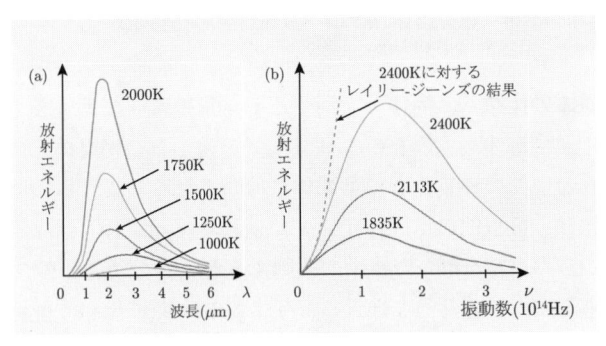

図 2.5 放射エネルギーの分布

図 2.5(b) の点線はレイリー-ジーンズの結果を表す. ν の小さいところはともかく, ν の大きいところで点線は実測値とまるで合わない. また, 空洞中の全エネルギーを求めるため, ν に関し (2.3) を 0 から ∞ まで積分すると, 結果は無限大となり, 物理的に不合理である.

例題 3 x, y, z 軸に各辺が沿う 1 辺の長さ L の立方体の空洞を想定し, その中の電磁場を表す $\boldsymbol{E}, \boldsymbol{H}$ は第 1 章の演習問題 5（p.12）のような平面波で記述されるとする. $\boldsymbol{E}, \boldsymbol{H}$ は**周期的境界条件**にしたがうと仮定し, 例えば, E_x に対し
$$E_x(x+L, y, z) = E_x(x, y, z)$$
が成り立つとする. このような条件下で波数ベクトル $\boldsymbol{k}$ はどのように表されるか.

解 周期的な境界条件から
$$e^{i(k_x L + k_x x + k_y y + k_z z)} = e^{i(k_x x + k_y y + k_z z)}$$
$$\therefore \quad e^{ik_x L} = 1$$

となる. オイラーの公式によると θ が実数のとき $e^{i\theta} = \cos\theta + i\sin\theta$ が成り立つ. 一般に複素数 $z = x + iy$ を xy 面上の座標 x, y をもつ点で表す. この平面を**複素平面**という. 複素平面上で, 原点 O を中心とする半径 1 の円（単位円）を考え, 図 2.6 のような点 P をとると, この点はちょうど $e^{i\theta}$ を表す. これから $e^{i\theta} = 1$ の場合, θ は $\theta = 0, \pm 2\pi, \pm 4\pi, \cdots$ であることがわかる. よって,
$$k_x L = 2\pi l \quad (l = 0, \pm 1, \pm 2, \cdots)$$
と表される. y, z 方向でも同様で, まとめて書くと次の関係が得られる.
$$\boldsymbol{k} = \frac{2\pi}{L}(l, m, n) \quad (l, m, n = 0, \pm 1, \pm 2, \cdots) \qquad ⑤$$

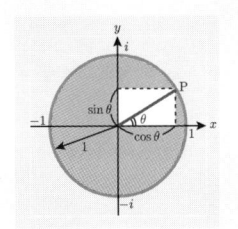

図 2.6 単位円

2.4 低温における固体の比熱

固体の比熱　固体を大別すると，銅のように電気をよく通す**導体**，大理石のように電気を通さない**絶縁体**，両者の中間の性質をもつ**半導体**に分類される．これらの固体は，微視的には固体イオンが適当な結晶を作り，原子からの束縛を離れた電子が運動するといった構造をもつ．電子が固体の熱的な性質に寄与するのは数 K という極低温であり，通常の温度で電子による内部エネルギーは無視できる．このため，固体の内部のエネルギーは固体イオンから由来すると考えてよい．

> 電子による比熱を**電子比熱**といい，これは絶対温度 T に比例する．

格子振動　固体イオンはつり合いの位置にじっと静止しているわけではなく，つり合いの位置を中心としてたえず振動している．この振動を**格子振動**という．固体イオンを簡単のため質点とみなし，N 個のイオンから構成される体系を考える．各格子点の運動の自由度は 3 であり (p.9)，振動の振幅が大きくなければ，振動は単振動として記述される．そこで 1 次元調和振動子のエネルギーの平均値を $\langle e \rangle$ と書こう．ここで振動数が ν と $\nu + d\nu$ との間にあるような振動子の数を $g(\nu)d\nu$ とすれば，一般に格子振動に基づく内部エネルギー U は

$$U = \int \langle e \rangle g(\nu) d\nu \tag{2.4}$$

と書ける．

> $g(\nu)$ を具体的に計算する理論を**格子力学**という．

デュロン-プティの法則　ここで再び，古典物理学による固体の比熱の問題を考える．(2.4) で $\langle e \rangle$ は p.9 の⑫により $k_{\mathrm{B}}T$ に等しい．また $\int g(\nu)d\nu$ は振動子の総数を与え，運動の自由度に等しいから $3N$ となり，こうしてデュロン-プティの法則が得られる．この法則はアインシュタイン模型といった特別な模型に限らず，古典物理学では一般的に成立する結果である．

> 電磁場では振動の自由度は ∞ なので
> $$\int g(\nu) d\nu \to \infty$$
> となる．

2.4 低温における固体の比熱

熱放射の研究と低温物理学

熱放射の研究と低温物理学の発展は現代物理学の誕生に大きな役割を果たした。その歴史を概観しておこう。18世紀半ばにイギリスで起こった産業革命は、19世紀になるとヨーロッパ全土に広がり、産業の発展に伴って鉄の大量生産が必要となった。ドイツはそれまで技術的に遅れていたので、1884年にヘルムホルツを所長とする国立物理工学研究所が設立され、熱放射の研究が行われた。本文で述べたように、黒体放射は空洞放射と同じなので熱放射を扱うには、空洞内における電磁波のエネルギー分布を考えればよい。溶鉱炉で鉄を生産する場合、炉内には鉄から放出される電磁波が充満しているが、炉に小さな窓をあけ電磁波を観測すれば炉内のエネルギー分布がわかる。こうして19世紀の終わり頃には図2.5の曲線が実測された。

鉄を溶かすといった高温とは対照的に、氷を人工的に作ろうとする努力の結果、低温物理学が生まれた。低温を実現するもっとも原始的な方法は冬にできた氷を特別な保存室（氷室(ひむろ)）に貯蔵しておき夏に使うというアイディアである。京都御所にはそのような貯蔵室の跡がある。殺虫剤やライターのガスボンベでガスを噴射させると温度の冷えることは日常経験される。熱の出入りがないようにして気体を膨張させる状態変化は**断熱膨張**とよばれ、この膨張で温度が下がる。製氷にはアンモニアの断熱膨張が利用され、こうして作られた氷は家庭用の冷蔵庫に使われた。私が子供の時代には現在のような電気冷蔵庫はまだ実用化されていなかった。

かつて、空気、水素、ヘリウムなどはどんな状態でも気体であると考えられ、永久気体とよばれていた。しかし、近代の冷凍技術はそのような迷信を打ち破り、空気、水素などの沸点の高いものから順次液化されその結果、低温が実現した。一番液化しにくかったのはヘリウムであるが、これもオネスにより液化され数Kという極低温が実現した。固体の比熱の温度依存性も低温物理学の発展に伴い測定されるようになり、低温におけるデュロン-プティの法則からのずれが明らかになった。低温における物性研究は現代物理学の1つの重要なテーマである。

著者が大学を卒業した1953年頃ヘリウムの液化装置は我が国にはなく、外国から輸入するか、国産にするか、意見が分かれていた。結局、東北大学金属研究所で外国産のを輸入することになり、1954年7月に東北大学で日本物理学会が開催されたとき、その装置が公開された。当時我が国ただ1つの液化装置で生まれて初めて液体ヘリウムを見たという人も多かった。会場は連日大入り満員の盛況であったが、あまりにも多忙であったため、担当の職員は健康を害してしまったという話である。

ヘルムホルツ (1821-1894) はドイツの物理学者で、ヘルムホルツの自由エネルギーについては第1章の演習問題6で学んだ。

気体を断熱圧縮すると、逆に温度は上がる。

オネス (1853-1926) はオランダの物理学者で低温における物性の研究に対し1913年ノーベル物理学賞が贈られた。

2.5 光電効果

光電効果　ある種の金属（Na, Cs など）の表面に光を当てるとその表面から電子（**光電子**）が飛び出す．この現象を**光電効果**という．光電効果が発見されたのは 19 世紀の終わり頃であるが，実用的にはカメラの露出装置や太陽電池に応用されている．光の波動説では光源を中心にエネルギーが四方八方に広がっていくと考えるが，このような古典物理学の立場では光電効果の説明は不可能であった．例えば，北極星からの光が光電効果を起こす時間を波動説で計算すると 10 年以上になってしまうが，実際には瞬間的に光電効果が起こるのである．

光電効果の特徴　振動数 ν の光を金属表面に当てたとしたとき，光電効果は次の特徴をもつことがわかった．
① 金属にはそれに特有な固有振動数 ν_0 があり，$\nu < \nu_0$ だとどんなに強い光を当てても光電効果は起こらない．$\nu > \nu_0$ だと，光を当てた瞬間に電子が飛び出す．
② 光電子の質量，速さをそれぞれ m, v とすれば光電子のエネルギー E は

$$E = \frac{1}{2}mv^2 \qquad (2.5)$$

で与えられが，$\nu > \nu_0$ の場合，E は $\nu - \nu_0$ に比例し

$$E = h(\nu - \nu_0) \qquad (2.6)$$

と書ける．上式中の比例定数 h を**プランク定数**といい

$$h = 6.626 \times 10^{-34} \, \text{J}\cdot\text{s} \qquad (2.7)$$

という数値をもつ．プランク定数はミクロの世界を支配する重要な物理定数である．(2.6) を**アインシュタインの光電方程式**というが，$\nu < \nu_0$ では $E = 0$ と考えられる．したがって，光電子のエネルギー E と当てる光の振動数 ν との間の関係は図 **2.7** に示したようになる．ν を横軸にとり，この直線の傾きから h が測定される．

2.5 光電効果

［補足］ 仕事関数 (2.6) で

$$W = h\nu_0 \qquad ⑥$$

とおくと，W は物質固有の定数となる．これを**仕事関数**という．仕事関数は通常，**電子ボルト (eV)** の単位で表される．1 eV は電子が電位差 1V で加速されるとき得るエネルギーで，次の関係が成り立つ．

$$1\,\mathrm{eV} = 1.602 \times 10^{-19}\,\mathrm{J} \qquad ⑦$$

電子ボルトは電子が関与する現象のエネルギーを記述するのに適当な単位である．

例題 4 アルミニウム (Al) の仕事関数は 3.0 eV と測定されている．Al の ν_0 を求めよ．また，ν_0 を波長に換算したものを**光電限界波長**という．Al の光電限界波長 λ_0 は何 nm か．

解 ⑥，⑦の関係から ν_0 は次のように計算される．

$$\nu_0 = \frac{W}{h} = \frac{3.0 \times 1.6 \times 10^{-19}\,\mathrm{J}}{6.63 \times 10^{-34}\,\mathrm{J\cdot s}} = 7.24 \times 10^{14}\,\mathrm{Hz}$$

また，λ_0 は次のようになる．

$$\lambda_0 = \frac{c}{\nu_0} = \frac{3 \times 10^8\,\mathrm{m/s}}{7.24 \times 10^{14}\,\mathrm{Hz}} = 4.14 \times 10^{-7}\,\mathrm{m} = 414\,\mathrm{nm}$$

［参考］ **光電効果の実験** 著者が放送大学に在籍していた頃，光電効果の実験を示すビデオを講義の一環として流した．Al の板のすぐ下に金属製のネットを置いて，図 2.8 のように板を −，ネットを + 電位とする．板に光が当たったとき，光電子が発生すると板からネットへと電子が移動し，回路に挿入した電流計が振れる．こうして光電効果が起こったかどうかがわかる．赤い光を当てたとき電流は流れないが，青い光のときには電流が流れ光電効果の起こることが確かめられる．

Al の仕事関数を 4.2 eV とする文献もある．このときには λ_0 は 296 nm となる．

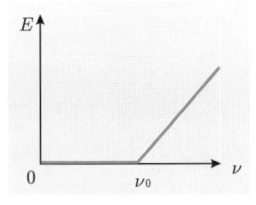

図 2.7 E と ν との関係   図 2.8 光電効果の実験

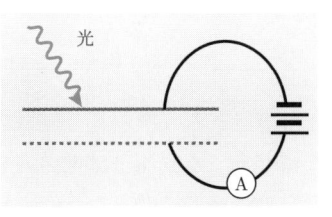

2.6 水素原子の安定性

分子と原子　物質の特性をもつ最小の単位は**分子**である．分子はさらに**原子**から構成される．原子は，原子核のまわりを電子が回るという構造をもつ．各種の原子のうち水素原子はもっとも簡単で1個の陽子と1個の電子とから構成される．

電子の位置エネルギー　陽子は静止しているとしその位置を座標原点 O にとり，陽子，電子間の距離を r とする（図 2.9）．陽子は電子にクーロン引力を及ぼすが，その大きさ F は

$$F = \frac{1}{4\pi\varepsilon_0}\frac{e^2}{r^2} \quad (2.8)$$

と書け，これに対応する位置エネルギー U は

$$U = -\frac{1}{4\pi\varepsilon_0}\frac{e^2}{r} \quad (2.9)$$

と表される．

電子の等速円運動　電子は陽子を中心として，一定の速さ v で円運動を行うとする．電子の質量を m とすれば，電子に働く向心力は mv^2/r で，これが (2.8) と等しく

$$\frac{mv^2}{r} = \frac{1}{4\pi\varepsilon_0}\frac{e^2}{r^2} \quad (2.10)$$

が成り立つ．(2.10) から次式が得られる．

$$r = \frac{e^2}{4\pi\varepsilon_0 mv^2}, \quad v^2 = \frac{e^2}{4\pi\varepsilon_0 mr} \quad (2.11)$$

水素原子の安定性　電子の力学的エネルギー E は

$$E = -\frac{e^2}{8\pi\varepsilon_0 r} \quad (2.12)$$

と計算される（例題 5）．E と r との関係は図 2.10 のようになる．水素原子は電磁波を発生し，エネルギーが減るため最終的には $E \to -\infty, r \to 0$ となってしまい，安定な原子は存在し得ない．

---

1 滴の水を半分にしても水である．以下，順次半分，半分，…という過程を繰り返していって最後に残ったものが水分子 H_2O である．

(2.10) の導出は演習問題 2（p.12）で第一宇宙速度を求めたときと同じ考えに基づく．

古典的な電磁気学によると荷電粒子が加速度をもって運動すると電磁波が発生する．

2.6 水素原子の安定性

例題 5 (2.12) を導け．

解 電子の力学的エネルギー E は
$$E = K + U \qquad ⑧$$
で与えられる．K は運動エネルギーで (2.11) を利用すると
$$K = \frac{1}{2}mv^2 = \frac{e^2}{8\pi\varepsilon_0 r} \qquad ⑨$$
と表される．この結果を使うと (2.9) に注意して
$$E = \frac{e^2}{8\pi\varepsilon_0 r} - \frac{e^2}{4\pi\varepsilon_0 r} = -\frac{e^2}{8\pi\varepsilon_0 r} \qquad ⑩$$
となって (2.12) が導かれる．

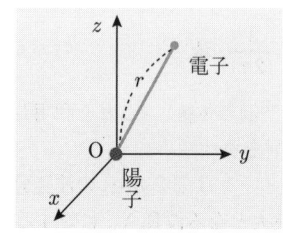

図 2.9 水素原子

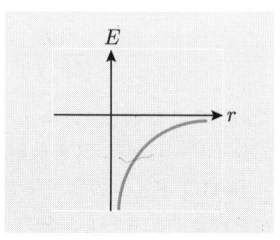

図 2.10 E と r との関係

⑩の符号が − になっているのは，水素原子の電子を無限遠に運ぶためには仕事が必要であることを意味する．この仕事を**電離エネルギー**という．水素の電離エネルギーの具体的な値については第 5 章を参照せよ．

=== カメラと露出計 ===

かつて，カメラは純粋な光学器械であった．その原理はまさに幾何光学の応用で，凸レンズによって対称物の実像を作り，この映像をフィルム上に記録するという方法が使われた．レンズの絞りとシャッタースピードを決めるには勘と経験に頼っていた．著者が渡米する 1959 年に露出計とカメラとが連動しているものが販売され，さらに絞りや露出を自動的に決める機種もできた．こんにちでは，カメラは光学器械というより電子機器といった方が適当である．人間の目には 600 万程度の視細砲が存在するが，数 100 万画素をもつデジタルカメラが開発され，SD (Secure Digital) カードは数百枚のフィルムに相当する記録が保存されるといった時代になった．

ムービー用のカメラも進化を遂げ一昔前，フィルムを送るのに人力を利用しゼンマイを使っていたが現在では電気モーターを使用している．フィルムもレギュラー 8，シングル 8，ビデオの 8mm テープと変化し，最近では直接 DVD に録画するタイプもある．

著者が滞米中に撮った写真は 600 枚程度であるが，これらは 1 枚の切手サイズの SD カードに収まってしまう．

演習問題 第2章

図 2.1 の点 O では PM 方向に進む光と QM 方向に進む光との間で干渉じまができる.

1 地球の自転, 公転の速さを計算し, マイケルソン-モーリーの実験における β を概算せよ.

2 マイケルソン-モーリーの実験で水平面内で装置を 90°回転したとき干渉じまに変化がなかった. これから何がわかるかを論じよ.

3 波数ベクトル k の x, y, z 成分 k_x, k_y, k_z を x, y, z 軸とするような空間を**波数空間**という. 波数が p.19 の⑤で与えられるとき, 波数空間の中の微小体積 $d\boldsymbol{k}\,(= dk_x dk_y dk_z)$ に含まれる状態数は

$$\frac{d\boldsymbol{k}}{(2\pi/L)^3} = \frac{V}{(2\pi)^3}d\boldsymbol{k}$$

であることを示し ($V = L^3$ は空洞の体積), これを利用してレイリー-ジーンズの放射法則を導け.

4 1893 年ドイツの物理学者ウィーンは図 **2.5(a)** の波長分布を理論的に考察し, 分布が最大となる波長 λ_m に対する

$$\lambda_\mathrm{m} T = 2.898 \times 10^{-3}\,\mathrm{m\cdot K}$$

という結果を導いた. これを**ウィーンの変位則**という. 宇宙のすべての方向から入射するマイクロ波 (**宇宙背景放射**) が発見され, そのピークは波長 1.1 mm にあることがわかった. この放射は何 K の黒体放射に相当するか.

5 気体を断熱変化させるとき, 体積 V, 絶対温度 T との間に

$$TV^{\gamma-1} = 一定$$

の関係が成り立つ. 27 °C の空気を断熱膨張させ体積を 5 倍にしたとき, 何 °C の低温が実現するか. ただし, 比熱比を $\gamma = 1.4$ とする.

6 Cs の仕事関数は 1.38 eV である. Cs に 600 nm の光を当てたとし, 光電効果のため飛び出す光電子のエネルギーおよびその速さを求めよ. ただし, 電子の質量 m は $m = 9.11 \times 10^{-31}$ kg で与えられる.

第3章

相対性理論

　第2章で述べたように，マイケルソン-モーリーの実験はエーテルの存在を否定するものであった．この困難を打開するため工夫されたのはやや苦し紛れのアイディアというか，静止系に対し運動する物体は収縮するという考えで，こんにちではこれをローレンツ収縮とよんでいる．1905年，当時ドイツの物理学者アインシュタイン（1879-1955）は時間，空間に対する1つの革命的な見方を導入した．現在ではこれを（特殊）相対性理論という．本章ではその概略について述べる．

---**本章の内容**---
3.1　ローレンツ収縮
3.2　相対性原理
3.3　ローレンツ変換の性質
3.4　質量とエネルギー

第3章 相対性理論

3.1 ローレンツ収縮

マイケルソン-モーリーの実験の解釈　2.1 節で述べたマイケルソン-モーリーの実験は，(2.2)（p.14）で $t_1 = t_2$ であることを示していた．この結果を解釈するため，ローレンツは v で運動する物体の長さは静止系で見るとその長さが $\sqrt{1-\beta^2}$ 倍になると仮定した．これを**ローレンツ収縮**という．この仮定を認めると，図 2.1（p.15）で MQ 方向では③（p.15）で $l \to \sqrt{1-\beta^2}\, l$ と置き換える必要がある．その結果③は

$$t_1 = \frac{2lc\sqrt{1-\beta^2}}{c^2-v^2} = \frac{2l\sqrt{c^2-v^2}}{c^2-v^2} = \frac{2l}{\sqrt{c^2-v^2}}$$

となり，$t_1 = t_2$ が得られる．MP の方向ではローレンツ収縮が起こらないので t_2 は変わらず，こうしてマイケルソン-モーリーの実験が説明できる．

ガリレイ変換と電磁気学　①（p.15）のガリレイ変換を時間で 2 回微分すると，加速度の各成分に対し

$$a_x = a_{x'}, \quad a_y = a_{y'}, \quad a_z = a_{z'} \tag{3.1}$$

となり，加速度は変わらないことがわかる．一般にニュートン運動方程式が成立するような座標系を**慣性系**という．慣性系に対し等速度で並進運動するような座標系も慣性系でこれを**ガリレイの相対性**という．

ガリレイ変換と電磁気学　電磁気の問題ではガリレイの相対性は成り立たない．これを見るため，図 3.1 で座標系 O 系は静止系であるとする．一方，O′ 系は x 方向に等速度 v で運動する座標系であるとする．O′ 系の原点に電荷が存在するとき，O′ 系で見れば電荷は静止しているから電場だけが生じる．しかし，O 系では電流が流れているので磁場が発生する．こうしてマクスウェルの方程式はガリレイ変換に対し不変でないことがわかる．この不変性を満たすため**ローレンツ変換**が提唱された．

3.1 ローレンツ収縮

例題1 時速 250 km で走る新幹線はローレンツ収縮のため何％縮むか．

解 新幹線の速さは
$$v = \frac{250 \times 10^3}{60 \times 60}\frac{\text{m}}{\text{s}} = 69.4 \frac{\text{m}}{\text{s}}$$
で，このため β は
$$\beta = \frac{69.4}{3 \times 10^8} = 2.3 \times 10^{-7}$$
と計算される．新幹線の車体の長さを l とすれば縮む割合は
$$\frac{l - \sqrt{1-\beta^2}\, l}{l} \qquad ①$$
と書ける．$\beta \ll 1$ であるから①は次のように計算される．
$$\frac{\beta^2}{2} = 2.6 \times 10^{-14} = 2.6 \times 10^{-12}\,\%$$

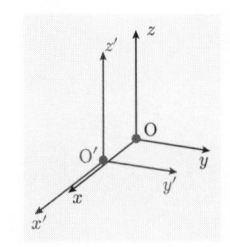

図 3.1 O 系と O′ 系

$\beta \ll 1$ であれば $(1-\beta^2)^{1/2} = 1 - \beta^2/2$ と表される．

=== **不思議の国のトムキンス** ===

上の例題でわかるように日常的な物体の速さに比べると光速は圧倒的に大きいのでローレンツ収縮が観測されることはない．しかし，仮に光速が 20 km だったらどういうことになるだろう．こういう夢のような話を主題にしたのがガモフ著「不思議の国のトムキンス」という本である．著者は大学 1 年生の頃，伏見康治，山崎純平の訳でこの本を読んだ経験をもつ．光速 20 km の世界で自転車に乗った人が，平たくなって見えるイラスト（図 3.2）があったりして，なかなか楽しい著書である．

ガモフ（1904-1968）はアメリカの物理学者である．

図 3.2　不思議の国のトムキンス
　　　　（白揚社，1950）より

3.2 相対性原理

光速不変の原理　マイケルソン-モーリーの実験の結果，真空中の光速はどの慣性系でも一定であることがわかった．これを**光速の不変性**，またこの原理を**光速不変の原理**という．①（p.15）のガリレイ変換はドップラー効果をもたらし，光速不変の原理を満たさないのでこれを書き換えなければならない．

相対性原理　アインシュタインは時間 t は共通でなく，各慣性系はそれ自体の特有な時間をもつと考えた．また，相対性理論ではすべての慣性系は互いに同等であり，物理法則はどんな慣性系でも同じ形をもつとした．これを**相対性原理**という．光速不変の原理を満たすような変換を導くため，図 3.1 のような O 系，O′ 系を考え，両系での時間を以下それぞれ t, t' とする．

> ガリレイの相対性はニュートン方程式に関するものだが，アインシュタインはこれを一般化した．

ローレンツ不変性　$t = 0$ で O 系と O′ 系とは一致するとし，この瞬間に原点から光が出たと考え，以後の波面を O 系，O′ 系で観測するとしよう．O 系で光は球面的に広がっていくので波面は

$$x^2 + y^2 + z^2 - c^2 t^2 = 0 \qquad (3.2)$$

で記述される．相対性原理により同じ波面を O′ 系で観測すると，この波面は (3.2) の変数にすべて ′ を付けた $x'^2 + y'^2 + z'^2 - c^2 t'^2 = 0$ の方程式で表される．これを一般化し

$$x^2 + y^2 + z^2 - c^2 t^2 \qquad (3.3)$$

という量は O 系でも O′ 系でも同じ値をもつと仮定する．図 3.1 の場合，次のローレンツ変換はローレンツ不変性を満たす（例題 2）．

> 一般にローレンツ不変性を満たす変換を**ローレンツ変換**という．
>
> β は (2.2) (p.14) と同様 $\beta = v/c$ で定義される．

$$x' = \frac{x - vt}{\sqrt{1 - \beta^2}}, \quad t' = \frac{1}{\sqrt{1 - \beta^2}} \left(t - \frac{vx}{c^2} \right) \qquad (3.4)$$

$$y' = y, \quad z' = z \qquad (3.5)$$

3.2 相対性原理

例題 2 図 3.1 で表した O 系, O′ 系の間のローレンツ変換は (3.4), (3.5) のように書けることを示せ.

解 y, z 方向は O 系でも O′ 系でも同等であるから (3.5) が成り立つ. よって, いまの場合, ローレンツ不変性は

$$x'^2 - c^2 t'^2 = x^2 - c^2 t^2 \qquad ②$$

と表される. $\text{ch}\,\theta, \text{sh}\,\theta$ を双曲線関数としたとき

$$\begin{bmatrix} x' \\ ct' \end{bmatrix} = \begin{bmatrix} \text{ch}\,\theta & -\text{sh}\,\theta \\ -\text{sh}\,\theta & \text{ch}\,\theta \end{bmatrix} \begin{bmatrix} x \\ ct \end{bmatrix} \qquad ③$$

の変換はローレンツ不変性を満たすことがわかる. ここで

$$\text{ch}\,\theta = \frac{e^\theta + e^{-\theta}}{2}, \quad \text{sh}\,\theta = \frac{e^\theta - e^{-\theta}}{2} \qquad ④$$

で定義されるが, これから

$$\text{ch}^2 \theta - \text{sh}^2 \theta = 1 \qquad ⑤$$

が証明される (演習問題 2). ③ は

$$x' = x\,\text{ch}\,\theta - ct\,\text{sh}\,\theta, \quad ct' = -x\,\text{sh}\,\theta + ct\,\text{ch}\,\theta \qquad ⑥$$

となるが, ⑤ を利用するとローレンツ不変性の満たされていることがわかる. ここで θ を決めるため, いまの問題で O′ 系の原点 O′ を O 系で見るとその座標は $(vt, 0, 0)$ と書けることに注意する. この点を O′ 系で見ると $(0, 0, 0)$ であるから, ⑥ の左式により次の関係が得られる.

$$0 = vt\,\text{ch}\,\theta - ct\,\text{sh}\,\theta \quad \therefore \quad \text{th}\,\theta = \frac{\text{sh}\,\theta}{\text{ch}\,\theta} = \frac{v}{c} = \beta \qquad ⑦$$

⑤ から

$$1 - \text{th}^2 \theta = \frac{1}{\text{ch}^2 \theta} \qquad ⑧$$

となり, ⑦ を使うと

$$\text{ch}\,\theta = \frac{1}{\sqrt{1-\beta^2}}, \quad \text{sh}\,\theta = \frac{\beta}{\sqrt{1-\beta^2}} \qquad ⑨$$

と表される. ⑨ を ⑥ に代入すれば (3.4) が導かれる.

参考 逆変換 (3.4) の逆変換は

$$x = \frac{x' + vt'}{\sqrt{1-\beta^2}}, \quad t = \frac{1}{\sqrt{1-\beta^2}}\left(t' + \frac{vx'}{c^2}\right) \qquad ⑩$$

で与えられる (演習問題 3). (3.4) も ⑩ も $c \to \infty$ ($\beta \to 0$) の極限でガリレイ変換に帰着する.

通常 $\text{ch}\,\theta$ を $\cosh\theta$, $\text{sh}\,\theta$ を $\sinh\theta$ と表す.

ch, sh, th は三角関数の $\cos, \sin, \tan$ に対応し ⑤ は

$$\cos^2\theta + \sin^2\theta = 1$$

の公式に対応する.

3.3 ローレンツ変換の性質

ローレンツ変換を適用すると，ニュートン力学では想像できないような奇妙な現象が起こる．そのような例をいくつか考察しよう．

ローレンツ収縮　O' 系の x' 軸に沿って長さ l' の物体があるとし，O' 系から見たこの物体の x' 座標を x'_1, x'_2 とする．O 系でこれらの座標を時刻 t で測定し x_1, x_2 を得たとすれば，(3.4) の左式から

$$x'_2 = \frac{x_2 - vt}{\sqrt{1-\beta^2}}, \quad x'_1 = \frac{x_1 - vt}{\sqrt{1-\beta^2}}$$

となる．O 系，O' 系で見た物体の長さ l, l' はそれぞれ $l = x_2 - x_1$, $l' = x'_2 - x'_1$ であるから，上式より

$$l = \sqrt{1-\beta^2}\, l' \tag{3.6}$$

が導かれる．すなわち，動いている物体は運動方向に $\sqrt{1-\beta^2}$ 倍に縮んで見える．この現象は 3.1 節で述べた**ローレンツ収縮**である．

時間の遅れ　O' 系の一定の座標 x' で t'_1 から t'_2 まで継続した現象があるとする．この現象を O 系で観測したとき t_1 から t_2 まで継続したとすれば⑩の右式から

$$t_2 - t_1 = \frac{t'_2 - t'_1}{\sqrt{1-\beta^2}} \tag{3.7}$$

となる．上式右辺の分母は 1 より小さいから，O 系での観測者は O' 系での観測者より時間間隔が長く見える．逆にいうと，O' 系の時計は O 系に比べ遅れているように見える．これを**時間の遅れ**という．高速で運動する素粒子の実験でこの現象が観測される（演習問題 4）．

速度の合成　O' 系の x' 軸上を速度 u' で運動する物体の速度を O 系で観測すると，その x 成分 u は

$$u = \frac{v + u'}{1 + (vu'/c^2)} \tag{3.8}$$

と表される（例題 3）．$v, u' \ll c$ だと $u = v + u'$ というニュートン力学の結果が得られる．

> $\sqrt{1-\beta^2}$ という因子の存在からわかるように $\beta \leq 1$ である．すなわち，物体の速さは光速を超えることはできない．

3.3 ローレンツ変換の性質

例題 3 v は時間に依存しない定数と仮定して (3.8) の速度の合成則を導け.

解 ⑩の左式を t で微分すると

$$\frac{dx}{dt} = \frac{1}{\sqrt{1-\beta^2}}\left(\frac{dx'}{dt'} + v\right)\frac{dt'}{dt} \qquad ⑪$$

となる. 同様に⑩の右式を t で微分すると

$$1 = \frac{1}{\sqrt{1-\beta^2}}\left(1 + \frac{v}{c^2}\frac{dx'}{dt'}\right)\frac{dt'}{dt} \qquad ⑫$$

が得られる. $u = dx/dt$, $u' = dx'/dt'$ に注意し⑪, ⑫を利用すれば (3.8) が示される.

⑫から $dt'/dt = \dfrac{\sqrt{1-\beta^2}}{1+(vu'/c^2)}$ が得られる.

補足 光速の不変性 (3.8) で $u' = c$ とおけば $u = c$ となり光速不変の原理が導かれる.

例題 4 O 系, O' 系における質点の速度の y 成分を $v_y, v_{y'}$ としたとき両者の関係を求めよ.

解 O' 系が O 系の x 軸方向に運動する場合, $y = y'$ で微小変化では $\Delta y = \Delta y'$ である. (3.7) により $\Delta t = \Delta t'/\sqrt{1-\beta^2}$ が成り立つ. したがって, 次の関係が得られる.

$$v_y = \frac{\Delta y}{\Delta t} = \frac{\Delta y'}{\Delta t'/\sqrt{1-\beta^2}} = \sqrt{1-\beta^2}\,v_{y'} \qquad ⑬$$

=== **過去を見る?** ===

源頼朝 (1147-1199) は鎌倉幕府を開いた源氏の武将である. 鎌倉は関東地方の観光地で小学校 5 年のとき遠足に出かけ大仏のところで撮った記念写真が残っている. そのころ習った鎌倉という唱歌の 8 番は建長寺や円覚寺のような古い寺の松風には昔の音がこもっているだろう, といった趣旨の歌詞となっている. 実際, 昔の遺物を見ると, それが活躍した過去を見たり, 聞きたくなるのは当然の人情といえるだろう. 仮に光速より速く走るロケットがあれば, それに乗って過去を見ることができる. すなわち光波は光速で伝わって行くから, それより速くある地点に到着すれば過去の光を観測できることになる. もちろん実際には光波は減衰してしまうから, 光は観測不能だし, 相対性理論によると光速以上のロケットはあり得ない. こうしてタイムマシンは実現不可能であることがわかる.

歌詞は次の通りである.
建長円覚古寺の山門高き松風に昔の音やこもるらん

3.4 質量とエネルギー

質量 図 3.3 のように，xy 面上 $y<0$ の領域で y 方向に運動する質量 m，速度 u の質点があるとする．質点は $y=0$ で x 方向の外力を受け，$y>0$ の領域に入ったとき，外力を受けずに O' 系とともに運動したとする．y 方向に関しては O 系，O' 系の区別はないから，質点の速度の y 成分は O' 系でも u となる．ところが，例題 5 に学んだように，O 系で見るとこの成分は $\sqrt{1-\beta^2}\,u$ のように観測される．一方，y 方向の外力はないとしているので運動量の y 成分は O 系で見たとき保存されるはずである．$y<0$ の領域でこの成分は mu であるから，$y>0$ で質量が $1/\sqrt{1-\beta^2}$ 倍になったように見える．

上の結果を一般化し，相対論では，静止しているときの質量（**静止質量**）が m の質点は，速度 $\boldsymbol{v}(v_x, v_y, v_z)$ で運動しているとき，その質量が見かけ上

$$\frac{m}{\sqrt{1-\beta^2}}, \quad \beta^2 = \frac{v^2}{c^2} = \frac{v_x^2 + v_y^2 + v_z^2}{c^2} \tag{3.9}$$

となったように振る舞う．

運動量と運動方程式 (3.9) を考慮し質点の運動量を

$$\boldsymbol{p} = \frac{m}{\sqrt{1-\beta^2}}\boldsymbol{v} \tag{3.10}$$

と定義する．また，質点に $\boldsymbol{F}$ の力が働くとき

$$\frac{d\boldsymbol{p}}{dt} = \boldsymbol{F} \tag{3.11}$$

の運動方程式が成り立つとする．

エネルギー (3.11) を利用すると質点のエネルギーは

$$E = \frac{mc^2}{\sqrt{1-\beta^2}} \tag{3.12}$$

となる（例題 5）．静止している質点（$v=0$）でも

$$E_0 = mc^2 \tag{3.13}$$

のエネルギーをもつ．これを**静止エネルギー**という．

（欄外注）

相対性理論によると質量とエネルギーは等価となる．これはニュートン力学と違う視点を与える．

運動する質点の質量が実際に変化するわけではない．質量自体は m である．

ニュートンの運動方程式は $dp/dt = \boldsymbol{F}$ と書け (3.11) はこれを踏襲したものである．

3.4 質量とエネルギー

[参考] E と p の関係 E と p との間には

$$E = c\sqrt{p^2 + m^2c^2} \qquad \text{⑭}$$

といった関係が成立する（演習問題5）．⑭からわかるように $m = 0$ の場合には

$$E = cp \qquad \text{⑮}$$

となる．この関係は第4章で学ぶように，光子の問題を扱うとき有効に使われる．

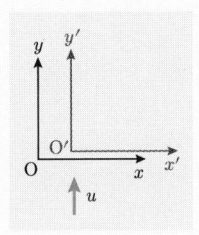

図 3.3 y 方向に運動する質点

[例題 5] 質点に働く力のする仕事はエネルギーの増加分に等しいから，状態 1, 2 に対し

$$\int_1^2 \boldsymbol{F} \cdot d\boldsymbol{r} = E_2 - E_1 \qquad \text{⑯}$$

が成り立つ．⑭と運動方程式を利用して実際⑯が満たされていることを示せ．

[解] ⑭を t で微分すると

$$\frac{dE}{dt} = \frac{c}{\sqrt{p^2 + m^2c^2}} \boldsymbol{p} \cdot \frac{d\boldsymbol{p}}{dt}$$
$$= \frac{\sqrt{1-\beta^2}}{m} \boldsymbol{p} \cdot \frac{d\boldsymbol{p}}{dt}$$

となる．これに (3.10) を代入し運動方程式を利用すると

$$\frac{dE}{dt} = \boldsymbol{v} \cdot \frac{d\boldsymbol{p}}{dt} = \boldsymbol{v} \cdot \boldsymbol{F}$$

が得られる．$\boldsymbol{v} = d\boldsymbol{r}/dt$ に注意し，上式を t_1 から t_2 まで積分すれば⑯が導かれる．

(3.12) と⑭から

$$\frac{mc}{\sqrt{1-\beta^2}} = \sqrt{p^2 + m^2c^2}$$

が導かれる．

=== **アインシュタインの涙** ===

2004年6月17日付の毎日新聞朝刊に次のような記事がのっている．アインシュタイン博士が日本人夫妻の手を握り，涙を流して謝罪した．1948年，米プリンストン大学の研究室．「私が原子の力を兵器に利用することができると漏らしたから，原爆が作られ日本人を殺すことになってしまった」．夫妻はその翌年にノーベル物理学賞を受賞する故湯川秀樹博士と妻スミだった．アインシュタインの発見したエネルギーと質量の等価性が原爆の原理であることは確かだ．一方，2000年度に日本の消費したエネルギーの12.4％は原子力である．現代科学は諸刃の剣で一方では大層役に立つが，他方では途方もない災害を与える．その選択を誤らないように，私たちは十分注意する必要がある．

演習問題
第3章

1. 長さ 1 m の物体が $v = 0.99c$ の速さで運動している．ローレンツ収縮のための見かけ上の長さは何 m か．

2. ④ (p.31) で定義された $\mathrm{ch}\,\theta, \mathrm{sh}\,\theta$ に対し
$$\mathrm{ch}^2\theta - \mathrm{sh}^2\theta = 1$$
の関係が成り立つことを証明せよ．

3. (3.4) (p.30) の逆変換が ⑩ (p.31) のように表されることを確かめよ．

4. 素粒子の一種である μ 粒子は宇宙線により地表約 60 km のところで作られ，$0.999c$ という猛スピードで地表に達する．次の問に答えよ．

    (a) 地表で見た場合，地表に達するまでの所要時間 t を求めよ．

    (b) μ 粒子には寿命があり，加速器を使った実験でその寿命は $\tau' = 2.2 \times 10^{-6}$ s と測定されている．t は τ' よりはるかに大きいが，これは相対論的な効果であるとし理論と実験を比較せよ．

5. E と p との間には
$$E = c\sqrt{p^2 + m^2 c^2}$$
の関係が成り立つことを示せ．

6. $v \ll c$ と仮定して，相対論的なエネルギーと古典力学における運動エネルギーとの関係について論じよ．

7. ローレンツ不変性に関する次の問に答えよ．

    (a) $c^2 p^2 - E^2$ はローレンツ不変性を満たすことを示せ．

    (b) (a) の性質と静止エネルギーが mc^2 である点に注意すると演習問題 5 の結果が導かれることを確かめよ．

μ 粒子は以前 μ 中間子とよばれていた．

第4章

波と粒子

　海岸に打ち寄せる波はあくまでも波で粒子ではない．逆にケシ粒は粒子であり波でないことは明らかである．古典物理学では波と粒子は互いに相反する概念であり，これが両立するとは考えにくい．しかし，波と粒子の二重性はいわば現代物理学のキーワードの1つであり，このような互いに矛盾する概念を如何に統一的に理解していくかが現代物理学を理解する鍵となる．1900年という歴史の変わり目にプランクの量子仮説が導入され，現代物理学の第1歩が始まったが，本章ではそのような歴史とともに二重性の実用面についても述べていく．

本章の内容

4.1　プランクの量子仮説
4.2　アインシュタインの光子説
4.3　ド・ブロイの発想
4.4　電子波の応用

4.1 プランクの量子仮説

1次元調和振動子　1次元調和振動子のエネルギーの平均値を $\langle e \rangle$，振動数が ν と $\nu + d\nu$ との間にあるような振動子の数を $g(\nu)d\nu$ とすれば，熱放射のエネルギー $E(\nu)$ は

$$E(\nu)d\nu = \langle e \rangle g(\nu)d\nu \tag{4.1}$$

$$g(\nu) = \frac{8\pi V}{c^3}\nu^2 \tag{4.2}$$

と書ける．また，(2.4)（p.20）で示したように

$$U = \int \langle e \rangle g(\nu)d\nu \tag{4.3}$$

は格子振動の内部エネルギーを表し，$\langle e \rangle = k_B T$ とおくとデュロン-プティの法則を与えるので低温領域で実験と合わない．いわば，諸悪の根源は温度が一定だと $\langle e \rangle$ は一定となって ν に依存しないことにある．

量子仮説　プランクは1900年，物体が振動数 ν の光を吸収，放出するとき，やりとりされるエネルギーは $h\nu$ の整数倍であるという**量子仮説**を提唱した．h は (2.7)（p.22）で与えられるプランク定数である．この仮説を1次元調和振動子に適用すると，振動数 ν の場合，この振動子のもつエネルギー e_n は

$$e_n = nh\nu \quad (n = 0, 1, 2, 3, \cdots) \tag{4.4}$$

と表される．古典物理学ではエネルギーは連続的な値をとるが，プランクはとびとびの値だけが許されると考えたのである．(4.4) を用いると

$$\langle e_n \rangle = \frac{h\nu}{e^{\beta h\nu} - 1} \tag{4.5}$$

と表され（例題1, ④），(4.1), (4.2) により

$$E(\nu)d\nu = \frac{h\nu}{e^{h\nu/k_B T} - 1} \frac{8\pi V}{c^3}\nu^2 d\nu \tag{4.6}$$

が求まる．これをプランクの放射法則という．

$\langle e \rangle = k_B T$ とすれば (4.1), (4.2) はレイリー-ジーンズの法則（p.18）を与え，ν の大きいところで実測値と一致しない．

物理量がある単位量の整数倍の値をとるとき，その単位量を**量子**という．

$\langle e_n \rangle$ は $\langle e \rangle$ のことである．

(4.6) は実験結果と完全に一致する．

4.1 プランクの量子仮説

> **例題 1** 統計力学によると調和振動子が温度 T で熱平衡にあるとき，それが $e_n = nh\nu$ の状態をとる確率 p_n は
>
> $$p_n = \exp\left(-\frac{e_n}{k_B T}\right) \Big/ \sum_{n=0}^{\infty} \exp\left(-\frac{e_n}{k_B T}\right)$$
>
> と書ける．これを用いて e_n の統計力学的な平均値 $\langle e_n \rangle$ を求めよ．

左式の確率分布を**正準分布**という．

解 $\langle e_n \rangle$ は $\langle e_n \rangle = \sum_{n=0}^{\infty} e_n p_n$ と定義される．ここで β を

$$\beta = \frac{1}{k_B T} \qquad ①$$

と定義すれば，次式が成り立つ．

$$\langle e_n \rangle = \frac{\sum_{n=0}^{\infty} nh\nu e^{-\beta nh\nu}}{\sum_{n=0}^{\infty} e^{-\beta nh\nu}} = -\frac{\partial}{\partial \beta} \ln \left(\sum_{n=0}^{\infty} e^{-\beta nh\nu} \right)$$

$$= -\frac{\partial}{\partial \beta} \ln Z \qquad ②$$

①の β は統計力学でよく使われる記号である．

ここで，Z は

$$Z = \sum_{n=0}^{\infty} e^{-\beta nh\nu} = 1 + e^{-\beta h\nu} + e^{-2\beta h\nu} + \cdots$$

$$= \frac{1}{1 - e^{-\beta h\nu}} \qquad ③$$

Z は**分配関数**とよばれる．

と計算され，次のようになる．

$$\langle e_n \rangle = \frac{\partial}{\partial \beta} \ln\left(1 - e^{-\beta h\nu}\right) = \frac{h\nu e^{-\beta h\nu}}{1 - e^{-\beta h\nu}}$$

$$= \frac{h\nu}{e^{\beta h\nu} - 1} \qquad ④$$

古典的な極限で④は $k_B T$ に帰着する（演習問題 1）．

=== **プランクの放射法則の評価** ===

プランク自身，量子仮説を提唱したとき，その物理的な意味を十分理解していなかったと思われるが，とにかくレイリー-ジーンズの式に代わるべき結果を導いた．プランクの仮説は量子論のはしりとして現代では高く評価されているが，プランクの放射法則は最初から大反響をよんだわけではない．当時はほとんど問題にされず単に 1 つの実験式であると考える人が多かったようである．プランクの仮説はアインシュタインによって一般化され次節で論じる光子説へと発展して，次第に注目を浴びるようになった．プランクは物理教育の方面でも熱心で 1923 年「理論物理学汎論」という 5 冊の教科書を著している．

4.2 アインシュタインの光子説

1905年のアインシュタイン　1905（明治38）年，アインシュタインは3つの大きな発見を発表した．そのような点で1905年は奇跡の年であり，特殊相対性理論，光子説による光電効果の説明，ブラウン運動の理論がたった一人の物理学者により提唱された．これらの業績はそれまでほとんど無名に近かったアインシュタインを一躍時代の寵児にもち上げたことはいうまでもない．

（欄外：明治37-38年，日露戦争が行われた．）

（欄外：2005年はちょうどその100周年にあたるので，世界物理年（2005-World Year of Physics）とよばれている．）

光の本性　光の本性に関し，昔から光は波であるという**波動説**と光は粒子であるという**粒子説**が対立していた．ニュートンは粒子説を支持したといわれる．1807年ヤングは光の干渉実験を行い，光が波であることを実証した．もっと手近には図1.5（p.11）のような回折像の観測から光が波であることが実感される．一方，2.5節で述べたように波動説では光電効果を説明することはできない．

（欄外：ヤング（1773-1829）はイギリスの物理学者でヤング率やエネルギーの概念を導入した．）

光子説　光電効果を説明するため，アインシュタインは粒子説を復活させ，またプランクの量子仮説を発展させて次のような光子説を提唱した．すなわち，光は**光子**（光量子，フォトン）という一種の粒子の集まりで，1個の光子のもつエネルギー E は，その光のエネルギーを ν とすれば $E = h\nu$ で与えられる．また，光が原子から放出されたり，あるいは原子に吸収されるとき，光は光子として放出，あるいは吸収される（例題2参照）．

光子の運動量　光子は運動量をもつと期待されるが，光子の質量は0と考えられるので，p.35の⑮により $E = cp$ が成り立つ．光の波長を λ とすれば，$\lambda\nu = c$ となり $p = E/c = h\nu/\lambda\nu = h/\lambda$ と書ける．また，運動量の方向は光の進行方向と一致する．以上の結果をまとめると，光子のエネルギー E，運動量の大きさ p は

$$E = h\nu, \quad p = \frac{h}{\lambda} \qquad (4.7)$$

と表される．これを**アインシュタインの関係**という．

（欄外：運動する普通の粒子はエネルギーと同時に運動量をもつ．）

4.2 アインシュタインの光子説

例題 2 光子説に基づき光電効果の特徴を説明せよ.

解 $h\nu$ のエネルギーをもつ1個の光子が金属中の電子と衝突し,そのエネルギーを全部一度に電子に与えるとする.図 4.1 に示すように,電子が金属内部から外部へ出るのに必要なエネルギー(仕事関数)を W,光電子のエネルギーを E とすれば,エネルギー保存則により $E + W = h\nu$ で

$$E = h\nu - W \qquad ⑤$$

が得られる [⑤の E は光電子のエネルギーで (4.7) の E と違う点に注意せよ].光電子の質量を m,その速さを v とすれば,E は電子の運動エネルギーであるから

$$\frac{1}{2}mv^2 = h\nu - W \qquad ⑥$$

のアインシュタインの光電方程式が成り立つ.p.23 の⑥と同様,

$$W = h\nu_0$$

とおけば,⑥は (2.6) (p.22) に帰着する.$h\nu$ が W より小さいと電子は金属内部から外へ出られず光電効果は起こらない.こうして光子説から光電効果が理解できる.

図 4.1 光子説と光電効果

================ **光子を表す映像** ================

アインシュタインが光子説を提唱した当時,それは1つの学説であった.しかし,現在の進んだエレクトロニクスは1つ1つの光子の観測を可能とした.このためには光電子増倍管という装置を利用する.すなわち,1個の光子がやってくるとそれを電子に変換し,これをブラウン管上で観測するという仕組みである.こうして,得られる光子の映像を図 4.2 に示す.**(a)** は短時間の露出で干渉じまが見られないが,**(b)** は長時間の露出でしま模様が観測される.

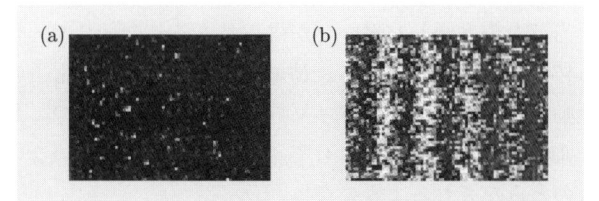

図 4.2 光子を表す映像(土屋裕・杉山優・堀口千代春・犬塚英治・黒野剛弘,テレビジョン学会誌 Vol36, No.11(1982)p.1010)

原子が高エネルギー状態から低エネルギー状態に遷移するとき,光子は長さ数 m の波連として放出される.ブラウン管上の1つのスポットはこの波連が生じるものである.

4.3 ド・ブロイの発想

ド・ブロイ波　波が粒子の性質を示すなら，逆に電子のように古典的には粒子と考えられるものは同時に波の性質をもつのではなかろうか．このような発想をしたのがド・ブロイである．実際，後になって，この予想の正しいことが実験的に確かめられた．電子に伴う波を**電子波**という．一般に，物質粒子に伴う波を**ド・ブロイ波**あるいは**物質波**という．粒子から波へと変換する式は (4.7) を逆にし

$$\nu = \frac{E}{h}, \quad \lambda = \frac{h}{p} \tag{4.8}$$

とすればよい．上式を**ド・ブロイの関係**という．この関係は下記に示すように実験的に検証されているし，量子力学の基礎ともいうべきものである．

デビッソンとガーマーの実験　ド・ブロイが電子の波動性を提唱した後 1927 年にアメリカの物理学者デビッソンとガーマーは，電子線が X 線と同様な回折現象を示すことを発見した．**図 4.3(a)** にデビッソンとガーマーの実験の概略が図示されている．彼らは Ni の結晶に，65 V の電圧で加速された電子線を当て，電子の散乱角 θ を 44° に固定し，散乱方位角 φ と散乱電子線の強度との関係を測定した．その結果が**図 4.3(b)** に示されている．このグラフからわかるように，散乱強度には規則正しい極大と極小とが現れている．例題 3 でこの場合の電子線の波長を 1.52 Å と計算するが，彼らはこれと同じ波長の X 線を当てたのと同じパターンが得られることを示した．さらにデビッソンは電子の運動量をいろいろ変え，電子の運動量と波長との間にド・ブロイの関係が成り立つことを確かめた．このようにして，電子の波動性は疑いないものとみなされるようになった．

ド・ブロイ (1892-1987) はフランスの物理学者で電子の波動性の発見の業績により 1929 年ノーベル物理学賞を受賞した．

(4.7) は波の言葉を粒子の言葉に翻訳する辞書，逆に (4.8) は粒子の言葉を波の言葉に翻訳する辞書としての機能をもつ．

4.3 ド・ブロイの発想

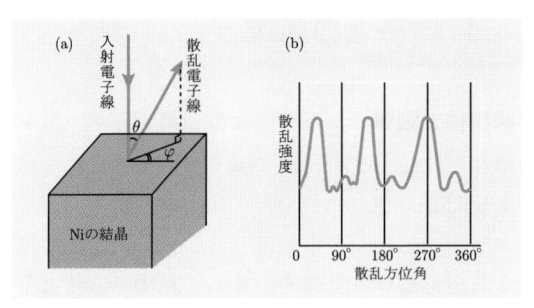

図 4.3 デビッソンとガーマーの実験

例題 3 静止している電子を電圧 V で加速した場合の電子波の波長を求め，特に加速電圧が 65 V のときの波長を計算せよ．

解 電子の質量を m とし電圧 V で加速されたとき，電子のもつ速さを v とすれば運動エネルギーの増加分は $mv^2/2$ でこれは電子になされた仕事 eV に等しい．すなわち，$mv^2/2 = eV$ である．このときの電子の運動量の大きさは $p = mv$ で，p を求め，結果を (4.8) の右式に代入すると次式が得られる．

$$\lambda = \frac{h}{\sqrt{2meV}} \qquad ⑦$$

⑦に $h = 6.63 \times 10^{-34}$ J·s, $m = 9.11 \times 10^{-31}$ kg, $e = 1.60 \times 10^{-19}$ C, $V = 65$ V を代入すると λ は

$$\lambda = \frac{6.63 \times 10^{-34}}{\sqrt{2 \times 9.11 \times 10^{-31} \times 1.60 \times 10^{-19} \times 65}} \text{ m}$$
$$= 1.52 \times 10^{-10} \text{ m}$$

と計算され，$\lambda = 1.52$ Å である（1 Å $= 10^{-10}$ m）．

物理量を表す単位として国際単位系を使えば，答は国際単位系での値として求まる．

=== 失敗は成功のもと ===

デビッソンは図 4.3(a) に示すような装置で散乱電子線の強度を測定していたが，なかなか思うような結果が得られなかった．発見の動機となったのは実験中の失敗で，実験に使った Ni が事故のため酸化してしまったので，それを長時間，熱処理した結果，従来見られなかった回折像が観測できたとのことである．この原因は熱処理の結果 Ni の結晶が形成されたためと思われる．デビッソンの結晶による電子の干渉現象の実験的研究に対し 1937 年ノーベル物理学賞が贈られた．

電子線による実験は**電子線回折**とよばれ X 線と同様，物質構造の研究に利用されている．

4.4 電子波の応用

光学顕微鏡の限界 可視光線を利用する顕微鏡を**光学顕微鏡**という．光学顕微鏡は微生物の研究などに重要な役割を果たしてきた．しかし，光学顕微鏡はいくらでも小さなものが観測できるわけではない．顕微鏡で物を見たとき2点あるいは2線を分離して見分ける能力を**分解能**といい，これは大体光の波長程度である．波長を大ざっぱに $0.5\,\mu\mathrm{m}$ とすれば，これより小さな物体は観測できない．2000倍という倍率が実現すると，この大きさの物体は1 mm に見え，ぎりぎり観測可能だから2000倍以上の高倍率は不可能ということになる．

電子顕微鏡 顕微鏡の倍率を高めるにはもっと波長の短い電磁波，例えばX線を利用すればよい．X線は健康診断などに利用され比較的なじみのある存在だが，残念ながらX線を屈折させるような適当な手段がない．すなわち，X線レンズのようなものが存在せず，このためX線顕微鏡は実現できない．

これに対し，電子波の場合には，電極あるいは電磁石の形を選び，電子線を適当に屈折させることができる．電子レンズを組み合わせた顕微鏡が**電子顕微鏡**でその一例を図 **4.4** に示す．電子波の波長は光の波長よりはるかに短いので，電子顕微鏡の分解能は光学顕微鏡に比べると非常によくなる．ただし，電子そのものを見ることはできないため，テレビと同じように適当な蛍光板で電子を観測している．電子顕微鏡を利用すると，例えばタバコモザイク病ウイルスを直接観測することが可能となる（図 **4.5** および右ページのコラム参照）．電子顕微鏡は1932年実用化されたが，現在では加速電圧も100万V程度にでき，倍率も2万倍から150万倍に高めることができる．

ドイツの細菌学者 コッホ（1843-1910）が結核菌を発見したのは1882年のことである．

電子線を屈折させる装置を**電子レンズ**という．

100万倍の電子顕微鏡では $1\,\mathrm{nm} = 10\,\mathrm{\mathring{A}} = 10^{-9}\,\mathrm{m} = 10^6\,\mathrm{mm}$ のものが1 mm に見える．

4.4 電子波の応用

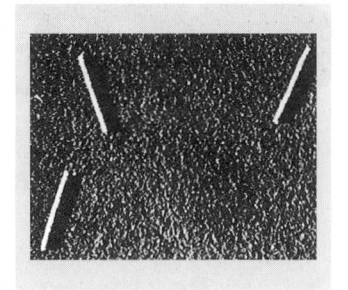

図 4.4　電子顕微鏡
(「改訂版　量子力学」
阿部龍蔵・川村清, 放送
大学教育振興会, 1993)

図 4.5　タバコモザイク病ウイルス

[補足] **電子に対する干渉じま**　電子波の干渉を調べるには, 光の干渉実験の光源に相当するところに電子の発生源を置き, これから出る電子をダブルスリットで分けスクリーンに到達する電子をブラウン管に映し出しビデオ撮影を行う. 個々の電子がブラウン管上に映り, その映像は図 4.2(a) のようになる. この種の映像の蓄積が図 4.2(b) で示す干渉じまとなる.

光や電子の干渉実験では 1 つの源から出る波をダブルスリットで 2 つに分けスクリーン上にできる干渉じまを観測する（演習問題 5）.

======== **野口英世とウイルス** ========

2004 年から紙幣の意匠が変更され 1000 円札には従来の夏目漱石に代わり野口英世が登場した. 野口英世は著者の世代にとり憧れの対象であった. 彼は立志伝のスター中のスターで, 黄熱病の研究に一身を捧げたその生涯は涙を誘うものだし, これが契機となり将来は研究者を夢見る若者もいた（著者もその一人かもしれない）. 野口英世は黄熱病の病原菌を突き止めようとして不眠不休の努力を払ったが, ついに病原体を発見することはできなかった. これは野口英世の努力が足らなかったためではなく, 病原体が小さすぎて当時のどんな高倍率の顕微鏡を使っても見えなかったという事情によるものである.

タバコの葉がかかる病気にタバコモザイク病があり, その病原体がウイルスである. これは図 4.5 で示すような構造をもち, 幅 15 nm, 長さ 300 nm 程度の大きさをもつ. 小児マヒをひき起こすポリオウイルス, はしかの原因となるはしかウイルス, エイズの病原であるエイズウイルスなど, ウイルスには多種多様なものがある. ウイルスを観測するのに電子顕微鏡は必須の道具で, 電子顕微鏡は固体物理学, 生物学など広範な分野で活躍している.

野口英世（1876-1928）は福島県生れの細菌学者である.

演習問題
第4章

1. 量子仮説に基づいて求まる$\langle e_n \rangle$は，古典的な極限（$\beta h\nu \ll 1$）で古典的な結果$k_B T$に帰着することを示せ．

2. 星の色はその表面温度と関係している．北斗七星のひしゃくの柄を延長したところに見えるアークトゥルスは春を代表する星で橙色に輝いている．光の波長を 600 nm として表面温度を概算せよ．

3. 波長 600 nm の光に伴う光子のエネルギーと運動量の大きさを求めよ．

4. 高速道路のトンネルではドライバーの注意を促すため黄色い光を発するナトリウムランプを照明に使うことがある．この光は D 線とよばれ，波長 589.592 nm と波長 588.995 nm の光の二重線である．D 線を波長が 589 nm の単色光とみなして，これと同じ波長をもつ電子波を作るための加速電圧を求めよ．

5. 下図で 1 点 L から出た光あるいは電子はスリット S を通り，ダブルスリット S_1, S_2 によって 2 つに分けられ，距離 D のところにあるスクリーン AB 上で干渉を起こす．$S_1 S_2 = d$ とおき，SC は $S_1 S_2$ の垂直二等分線とし，点 P で光波あるいは電子波を観測する．干渉じまが生じる条件を求めよ．ただし，図の x 及び d は D に比べ十分小さいとする．すなわち

$$x \ll D, \quad d \ll D$$

が成り立つものとする．

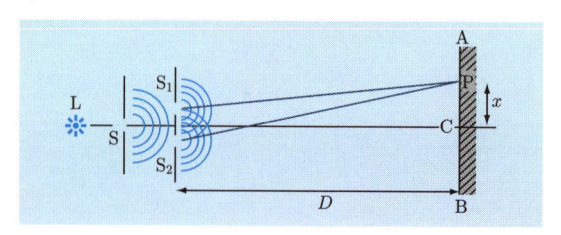

第5章

水素原子模型

　宇宙でもっとも大量に存在し，かつもっとも簡単な構造をもつ物質は水素である．水素は恐ろしい物質であるという印象を拭い去ることはできないが，石炭や石油の化石燃料に代わるクリーンなエネルギー源としてその将来性が期待されている．また，水素原子の出す光は簡単な構造をもち，その解明から新しい分野の物理学が誕生してきた．この物理学は第4章で述べたド・ブロイ波などと関連し現在では前期量子論とよばれている．前期量子論で提唱された各種の物理的概念はその後発展した量子力学でも生き残っているものが多い．本章では水素に関する最近の話題と同時に伝統的なボーアの水素原子模型について述べる．

本章の内容
- 5.1　水素の存在
- 5.2　水素の利用
- 5.3　水素の出す光
- 5.4　ボーアの水素原子模型
- 5.5　前期量子論

5.1 水素の存在

水素の存在比 水素はもっとも軽い元素であるが、宇宙でもっとも豊富に存在する物質で、質量にして宇宙全体の約4分の3を占めている。次に質量が重く、しかも多い元素はヘリウムで、これは宇宙の約4分の1である。もちろん、この結果は日常的な物質観と著しく異なる。元来ヘリウムとは太陽の元素という意味をもち、地球上で見つかる前に太陽に関する研究でその存在が発見された物質である。ヘリウムが身辺で観測されることはない。これに対し、水素は身近に存在する物質である。簡単な例はゴム風船への応用であるが、水素は風船に封入されこれを浮き上がらせるのに使われる。

> 宇宙全体はほとんど、水素とヘリウムから構成され、残りの元素は不純物のようなものである。

バーナードループ 水素原子の出す光が日常生活で観測されることはない。しかし、上述のように、水素は宇宙空間では大量に存在するため、宇宙では水素原子の出す光が観測される。ただし、この光は弱くそれが瞬間的に認識されるわけではない。一般に、天体から来る弱い光を見るためには写真を利用する。星や星雲は北極星を中心に円運動するので望遠鏡にカメラを固定し、被写体を常に望遠鏡の視野の真ん中に位置するようにして、例えば1時間にわたって露出すれば光の蓄積が得られる。天体観測にこのような写真をはじめて利用したのはアメリカの天文学者バーナード（1857-1923）で、1895年バーナードはオリオン座を撮影し図 5.1 に示すような結果を得た。図の中央に三つ星があるが、そのまわりを囲むようなループがある。これは発見者の名前をとりバーナードループとよばれている。バーナードループが発する光は H_α で赤い色を示し、写真をとるときこの色に感光しやすいフィルムを使うのが有効であるといわれている。H_α については5.3節で述べる。

> 図 4.2(b) のような写真をとるとき、光の蓄積が必要なので天体写真と同じ原理が利用される。

5.1 水素の存在

補足 ヒンデンブルク号の炎上　水素がもっとも軽い物質である点を利用し，水素ガスはかつて飛行船を浮上させるために使われた．1937年5月6日，ナチス・ドイツの栄光のシンボルともいうべき「ヒンデンブルク号」がアメリカのレークハーストで着陸直後，爆発炎上するという事故が起こった（図 5.2）．この事故は 22 名の乗員と 13 名の乗客の人命を奪ったが，この事故以来水素ガスは爆発する危険なものと思われてきた．しかし，実際は飛行船に塗った塗料が引火性であったため事故が大きくなったといわれている．

レークハースト飛行場はニュージャージー州に属しニューヨーク近郊にある．

図 5.1　バーナードループ　　図 5.2　ヒンデンブルク号の炎上

=== 風船爆弾と偏西風 ===

1945年8月15日に第二次世界大戦が終了したが，当時著者は中学3年生であった．終戦のほぼ1年前から勤労動員に駆り出され風船爆弾の製作に従事した．もっとも，実際に行ったのは事務の仕事で，三角関数の数表を使って船体の設計をした程度である．風船爆弾は和紙とコンニャクのノリで直径 10 m 位の風船を作り，その中に水素ガスを詰めテルミットという火薬を装備し，偏西風にのせて直接アメリカ本土を空襲しようとする爆弾である．日本中のコンニャクが動員され，一時，食卓からコンニャクが姿を消した．風船の材料はビニールのような感じで，戦後アメリカの行ったテストでは風船爆弾の材質は非常に優秀で水素の漏れる率は大変少ないということであった．戦時中すでに何体か風船爆弾はアメリカ本土で捕獲されたが，和紙でできていることはわかったとしても，それを張り合わせるノリは何であるかついに解明できなかったという話である．

偏西風の存在に気づいたのは戦時中の日本の地球物理学者である．

5.2 水素の利用

水の電気分解　水素は環境にやさしいエネルギー源として利用されている．その原理を理解するため，出発点として水の電気分解を考える．水に少量の硫酸や水酸化ナトリウムを加え電解質水溶液にすると電流が流れ，電池の陰極，陽極につながった部分からそれぞれ水素ガス，酸素ガスが体積比 2 : 1 の割合で発生する（図 5.3）．そこで電極の酸化を防ぐためこの部分は白金の電極とする．水の分子 H_2O は電離し $2H^+$ と O^{--} に分かれるが，H^+ は正電気をもつため陰極にひかれそこで電池からくる電子と反応して H となる．H は発生期の水素とよばれ $H_2/2$ に変わる（その理由については例題 1 を参照せよ）．H^+ が 2 個があるため陰極では H_2 が生じる．一方，O^{--} は陽極にひかれ，そこで O に変わるが先程と同様 $O_2/2$ となる．結局，陰極では水素，陽極では酸素が発生しその比は 2 : 1 となり実験結果が説明できる．また，電子は図の矢印のように進みちょうど電流と逆向きとなる．

> 加えた硫酸とか水酸化ナトリウムは実験のあとでもその量は変わらず，変化を受けるのは水だけである．このようにそれ自身は変化せず，化学反応を促進する物質を**触媒**という．

燃料電池　燃料電池の原理は電気分解の逆過程となっている．図 5.4 のように，燃料電池では外部から水素，酸素を送りこむ．前者，後者の電極をそれぞれ**燃料極**，**空気極**という．水素は燃料極で H^+ と電子に分かれ，水素イオン，電子は図の矢印のように進む．一方，実際は純粋な酸素でなく空気を送るため空気極とよばれるが，そこで，酸素は電子をうけとって O^{--} となりこの酸素イオンは水素イオンと化合して水に変化する．結局，燃料電池では外部から加えられた水素と酸素が水に変わり，余った化学エネルギーが電気エネルギーに変換されるという仕組みをもつ．その結果，負荷に電流が流れることになるが，廃棄物は水であるから，石油や石炭などの化石燃料が二酸化炭素を排出するのとは大違いである．

> 水素やメタノールなどの燃料の化学エネルギーを熱に変えることなく，電気化学的に直接電気エネルギーに変える装置を**燃料電池**という．

5.2 水素の利用

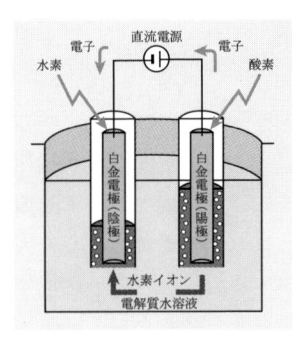

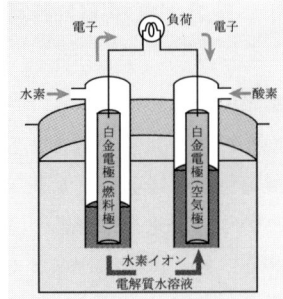

図 5.3 水の電気分解　　図 5.4 燃料電池

例題 1　2 個の水素原子 H は互いに引き合い，安定な水素分子 H_2 となる．逆にいうと H_2 を 2 個の水素原子に分けるためには外部からエネルギーを加えることが必要でこれを**解離エネルギー**という．4.6 V で加速された電子を H_2 に当てると H_2 が分解することが知られている．水素分子の解離エネルギーを求めよ．

解　解離エネルギーは 4.6 eV でこれをエネルギーの国際単位である J に換算すると 7.36×10^{-19} J となる．

$1 \mathrm{eV} = 1.60 \times 10^{-19}$ J が成り立つ．

=== **宇宙開発と燃料電池** ===

　燃料電池の原理は 19 世紀の半ば頃からわかっていたが，それが実用化されたのは宇宙開発と深くかかわっている．1961 年，ときのアメリカ大統領ケネディは 60 年代の終わりまでに人間を月面に着陸させ，安全に地球に帰還させる計画（アポロ計画）を発表した．この計画通り 1969 年アポロ 11 号により人類初の月面着陸が実現した．しかし，このときケネディ大統領はすでに暗殺され，大統領はニクソンであった．アポロ 11 号から 16 号までの月面探査船計画でただ 1 機月に到達できなかったのは 13 号である．アポロ 13 号の燃料電池が故障し 3 つのうち 1 つだけが生き残ったが，これを使い奇跡的にアポロ 13 号は地球に無事帰還することができた．現在のスペースシャトルでは燃料電池は宇宙船内の電源として使えるだけではなく，発電の副産物として飲料水が得られるとのことである．燃料電池はまさに一石二鳥の役割を演じている．

1995 年製作トム・ハンクス主演のアメリカ映画「アポロ 13」はこの宇宙船の絶体絶命の危機と地球への生還を描いた人間ドラマである．

5.3 水素の出す光

水素の燃焼　水素は「燃える気体」とよばれるように，燃えやすい気体である．特に水素 2, 酸素 1 の体積比の混合気体は爆発的に燃焼するので，燃焼というより爆発という方が適当である．これは水素が恐れられる一因である．水素原子の出す光を調べるのは，水素の燃焼する光を対象にすればよいように思える．しかし，例題 1 で述べたように通常の状態の水素は水素分子になっているため，この光は水素分子の出す光であり，原子からの光を見るには工夫が必要である．

> 水素を燃焼させると淡青色の炎をあげ酸素と結合して水となる．

真空放電　水素原子の出す光を調べるには真空放電を利用するのが便利である．気体をガラス管に入れ，その両端に陽極，陰極をつけて電流を流そうとしても電気抵抗が大き過ぎ電流は流れない．この事情は水の電気分解で純水のとき電気が流れないのと似ている．気体に電圧をかけると，分子や原子の電離の結果気体中に電子が生じ，この電子は電圧のため加速される．気体分子が多数存在すると，電子は分子と頻繁に衝突して電流が流れない．そこで気体中に電流を流すためには気体分子の数を減らす必要があり，真空ポンプで気体をひき，気体の圧力を 1000 分の 1 気圧とか 10000 分の 1 気圧程度とする．すなわち，容器中の気体分子の数を通常の場合の 1000 分の 1 とか 10000 分の 1 にする．また，電流を流そうとする電圧は数 1000 V という高電圧にする．このような真空放電管を利用して水素原子の出す光を調べる．真空放電では気体の種類によって発する光の色が違う．例えば空気では赤色，ネオンでは橙色，ナトリウムでは黄色である．ナトリウムランプはこのような真空放電を利用している．また，歓楽街のネオンサインの色も真空放電の色である．

> 気体中の分子や原子を電離するにはふつう数 V 〜数 10 V の電圧が必要である．水素原子を電離させるための電圧の具体的な数値は次節で学ぶ．

5.3 水素の出す光

[参考] **水素原子のスペクトル** 図 5.5 に水素原子の出す光を調べるための装置（**分光器**）を示す．水素気体を封入した真空放電管に適当な電圧 V をかけ，そのとき生じる光をスリットに通しプリズムに当てる．加える電圧が例題 1 で述べた解離エネルギーに相当する値より大きければ放電管内部に水素原子が生じる．プリズムの屈折率は光の色（波長）によって違うので，プリズムを通った光を観測すれば，水素原子の出す光の構造がわかる．一般に，光をその波長（振動数）によって分けたものを光の**スペクトル**という．可視光線は虹の 7 色赤橙黄緑青藍紫に分かれ個人差はあるが，その波長範囲は 770 nm から 380 nm までである．太陽光とか白熱電球からの光は，すべての波長の光を含んでいて**連続スペクトル**を示す．これに対し，水素の気体放電管から生じる光は特定の波長の光だけをもち，このような構造を**線スペクトル**という．図 5.5 に次頁で学ぶバルマー系列のスペクトル線の波長を nm で表す．水素原子の場合，実際に観測にかかるのは赤，青，紫色の H_α, H_β, H_γ, H_δ という 4 本の線である．H_α は 5.1 節で触れたバーナードループの光を表している．

物質の屈折率が光の波長によって異なる現象を**分散**という．

ナトリウムランプや水銀ランプからの光も線スペクトルを示す．

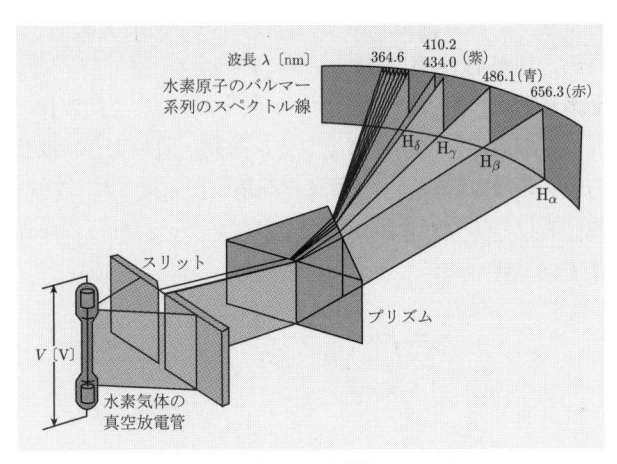

図 5.5 分光器

バルマー系列

前述の可視部に見られるスペクトル線を**バルマー系列**という．念のため，バルマー系列を繰り返し図示すると図 5.6 のようになる．この図でスペクトル線の下に書いた数字は，その線の波長を nm で表示したものである．波長が短くなるにつれてスペクトル線の間隔は次第に小さくなり，無数のスペクトル線が集積して，ついには 364.6 nm の紫外部でこの系列は終わる．いかにも意味あり気に，スペクトル線の並んでいるのが印象的である．バルマーはこの系列に属するスペクトル線の真空中の波長 λ が次のように表されることを発見した．

> バルマー（1825-1898）はスイスの物理学者で 1885 年 (5.1) の関係を導いた．

$$\frac{1}{\lambda} = R_\mathrm{H}\left(\frac{1}{2^2} - \frac{1}{n'^2}\right) \quad (n' = 3, 4, 5, \cdots) \quad (5.1)$$

このため，この系列をバルマー系列とよぶ．陽子の質量を無限大としたときの R_H を R_∞ と書くが，R_∞ は

$$R_\infty = 1.097373 \times 10^7 \,\mathrm{m}^{-1} \quad (5.2)$$

のリュードベリ定数である．(5.1) で $n' = 3, 4, 5, \cdots$ とおいた項が H_α, H_β, H_γ, $\cdots$ に対応する．

> 陽子の質量が有限であるため R_∞ は R_H より 0.054% 大きい．すなわち $R_\infty = 1.00054\,R_\mathrm{H}$ である（5.4 節，p.59 参照）．

他の系列

可視部のバルマー系列だけでなく，波長の長い領域の赤外部では**パッシェン系列**，同じように波長の短い領域の紫外部では**ライマン系列**が発見されていて，他にも似たような系列が観測されている．これらの系列はすべて統一的に

$$\frac{1}{\lambda} = R_\mathrm{H}\left(\frac{1}{n^2} - \frac{1}{n'^2}\right) \quad (5.3)$$

という形で表される．ここで，n は正の整数，また

$$n' = n+1,\ n+2,\ n+3,\ \cdots \quad (5.4)$$

である．

(5.3) で $n = 1, 2, 3$ とおいた系列がそれぞれライマン系列，バルマー系列，パッシェン系列を表す．また，$n = 4$ の系列はブラケット系列，$n = 5$ の系列はプント系列とよばれる．

5.3 水素の出す光

例題 2 (5.1) で $n' = 3$ あるいは $n' = \infty$ とおいて H_α およびバルマー系列最小の波長を求め，図 5.6 に示した数値と比べよ．

解 (5.1) で $n' = 3$ とおき，H_α の波長 λ_α は

$$\frac{1}{\lambda_\alpha} = R_H\left(\frac{1}{4} - \frac{1}{9}\right) = \frac{5}{36}R_H \quad \therefore \quad \lambda_\alpha = \frac{36}{5R_H}$$

と表される．$R_\infty = 1.00054\, R_H$ の関係を使い，(5.2) を利用すると λ_α は

$$\lambda_\alpha = \frac{36}{5R_\infty} \times 1.00054 = 656.5\,\text{nm}$$

と計算される．図 5.6 で示した値との差は 0.2 nm である．

(5.1) で $n' = \infty$ としたときの波長 λ_∞ は

$$\frac{1}{\lambda_\infty} = \frac{R_H}{4} \quad \therefore \quad \lambda_\infty = \frac{4}{R_H}$$

と書け，これから

$$\lambda_\infty = \frac{4}{R_\infty} \times 1.00054 = 364.7\,\text{nm}$$

が得られる．図 5.6 との差は 0.1 nm である．

左に述べた**図 5.6** の数値とのずれは空気の屈折率の影響である．

参考 リッツの結合則 水素原子に限らず，一般の原子の場合でも，その原子に固有なスペクトル項の数列

$$T_1, T_2, T_3, \cdots \qquad ①$$

があり，原子の出すスペクトル線の $1/\lambda$ は，①のうちの 2 項の差として

$$\frac{1}{\lambda} = T_n - T_{n'} \qquad ②$$

という形に表される．②をリッツの結合則という．

水素原子のスペクトル項は

$$T_n = \frac{R_H}{n^2}$$

と表される．

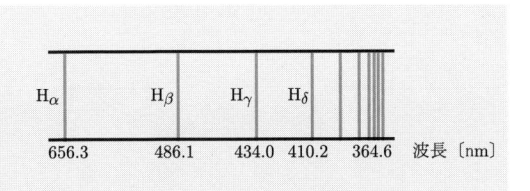

図 5.6 バルマー系列

5.4 ボーアの水素原子模型

ボーアの理論　ボーアは 1913 年，水素原子のスペクトルを説明する 1 つの理論を提唱した．ボーアの理論は次の 3 つの仮定に基づいている．

① 原子内の電子のエネルギーは連続的でなく離散的である．一定のエネルギーをもつ状態（定常状態）では光を出さない．エネルギー最低の定常状態を**基底状態**，それより上の状態を**励起状態**という．

② 電子が 1 つの定常状態から他の定常状態に移るとき，そのエネルギー差に相当する光子を吸収したり，放出したりする．この光子の伴う光の振動数を ν とすれば

$$h\nu = E_{n'} - E_n \tag{5.5}$$

となり，これを**ボーアの振動数条件**という．図 **5.7** のように，$E_{n'} > E_n$ とするとき，光子の放出，吸収に対して (5.5) が成り立つ．

③ 定常状態では，電子は古典力学の法則にしたがって運動する．

量子条件　水素原子の定常状態を決めるには適当な条件が必要でこれを**量子条件**という．この条件を導くため，陽子を中心として電子は半径 r の等速円運動を行うとし，電子に伴うド・ブロイ波の波長を λ とする．円に沿う電子波がスムーズにつながるためには

$$2\pi r = n\lambda \quad (n = 1, 2, 3, \cdots) \tag{5.6}$$

の量子条件が要求される（例題 3）．上の整数 n を**量子数**という．この関係は

$$L = n\hbar \tag{5.7}$$

あることを意味する（例題 4）．ただし，$\hbar$ は

$$\hbar = \frac{h}{2\pi} = 1.055 \times 10^{-34}\,\text{J}\cdot\text{s} \tag{5.8}$$

で，これを**ディラックの定数**という場合がある．

5.4 ボーアの水素原子模型

例題 3 水素原子中の電子波について (5.6) の量子条件が成り立つことを示せ．

解 電子が半径 r の円運動をしているとき円周の長さは $2\pi r$ であるから $2\pi r/\lambda = n$ とおくと，n は円周に含まれる波の数である．図 5.8 の (a), (b) にそれぞれ $n = 6$，$n = 5.5$ の場合を示す．これからわかるように，円に沿って電子波がスムーズにつながるためには，n が整数でなければならない．(b) のような場合には電子波が何回も円周を回っている内，波の干渉が起こり結局電子波は 0 となってしまう．このようにして (5.6) の量子条件が導かれる．

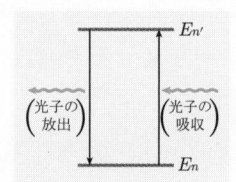

図 5.7 光子の放出と吸収

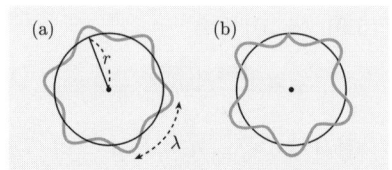

図 5.8 水素原子中の電子波

例題 4 (5.6) の量子条件は，(5.7) の関係と等価であることを証明せよ．

解 電子の運動量の大きさを p とすれば，ド・ブロイの関係により $\lambda = h/p$ が成り立つ．量子条件は $2\pi r = n\lambda$ で与えられるので

$$2\pi r = n\frac{h}{p}$$

となる．電子の軌道角運動量の大きさ L は $L = pr$ と表され，これから $L = n\hbar$ が導かれる．

量子力学的な粒子は自転に対応する角運動量をもち，これを**スピン角運動量**という．これに対し古典物理学的な角運動量を**軌道角運動量**という．スピン角運動量を**固有角運動量**ともいう．

=== **水素原子と太陽系** ===

水素原子では 1 個の陽子のまわりを 1 個の電子が回っている．その構造は太陽のまわりを回る地球になぞらえて考えることができる．水素原子と太陽系の違いはもちろんその大きさで水素原子では半径は次頁で学ぶボーア半径で 0.53 Å の程度だが，太陽系で太陽と地球との距離は 1 天文単位とよばれ 1 億 5 千万 km 程度である．また，水素原子では陽子，電子間の力は電気的なクーロン力であるが，太陽系の場合の力は万有引力である．

ボーア半径

ボーアの理論では前述の仮定③により，定常状態では古典力学が適用できる．そこで，電子（質量 m）は陽子（質量 M）のまわりで半径 r の等速円運動を行うとする．陽子を中心とする相対運動を考えると，電子に働く向心力 $\mu v^2/r$（μ：換算質量）が陽子，電子間のクーロン力の大きさに等しいので

$$\frac{\mu v^2}{r} = \frac{1}{4\pi\varepsilon_0}\frac{e^2}{r^2} \tag{5.9}$$

が成り立つ．一方，量子条件は

$$\mu r v = n\hbar \tag{5.10}$$

と表され，(5.9), (5.10) から

$$r = \frac{4\pi\varepsilon_0 \hbar^2}{\mu e^2} n^2 \tag{5.11}$$

が得られる．(5.11) で特に $n=1$, $\mu \simeq m$ の場合をボーア半径といい，ふつう a と記す．すなわち

$$a = \frac{4\pi\varepsilon_0 \hbar^2}{m e^2} \tag{5.12}$$

とする．a は水素原子の半径を表す長さで

$$a = 0.529 \times 10^{-10}\,\mathrm{m} = 0.529\,\text{Å} \tag{5.13}$$

と計算される（例題 5）．

エネルギー準位

エネルギーは古典物理学では連続的であるが，ボーアの理論では量子条件のためこれは離散的となる．このような離散的なエネルギーの値を**エネルギー準位**という．陽子のまわりの相対運動を考えると，電子の運動エネルギーは $\mu v^2/2$，陽子，電子間の位置エネルギーは $-e^2/4\pi\varepsilon_0 r$ と表され，力学的エネルギー E は (5.9) を利用すると $E = -e^2/8\pi\varepsilon_0 r$ と計算される．あるいは (5.11) は $r = an^2(m/\mu)$ と書けるので，量子数 n に相当するエネルギー準位は

$$E_n = -\frac{e^2}{8\pi\varepsilon_0 a n^2}\frac{\mu}{m} \tag{5.14}$$

と表される（図 **5.9**）．

注：
$\mu^{-1} = m^{-1} + M^{-1}$ の関係が成り立つ．

相対運動の場合，(5.7) の L は $L = \mu r v$ と書ける．

原子，分子，原子核などの量子力学的な粒子は離散的なエネルギー構造をもつことが知られており，これを一般的にエネルギー準位という．

5.4 ボーアの水素原子模型

例題 5 $\hbar = 1.0546 \times 10^{-34}$ J·s, $e = 1.6022 \times 10^{-19}$ C, $m = 9.1094 \times 10^{-31}$ kg, $\varepsilon_0 = 8.8542 \times 10^{-12}$ C^2 N^{-1} m^{-2} としてボーア半径 a を求めよ.

解 (5.12) により a は次のように計算される.
$$a = \frac{4 \times 3.1416 \times 8.8542 \times 10^{-12} \times (1.0546 \times 10^{-34})^2}{9.1094 \times 10^{-31} \times (1.6022 \times 10^{-19})^2} \text{ m}$$
$$= 5.292 \times 10^{-11} \text{ m} = 0.529 \text{ Å}$$

> 数値として国際単位系を使えば, 結果も同じ単位系で表される.

例題 6 $E_{n'} \to E_n$ の遷移の際放出される光子の波長は (5.3) (p.54) のように書けることを示し, R_H に対する表式を導け.

解 ボーアの振動数条件 (5.5) (p.56) に (5.14) を代入すると
$$h\nu = \frac{e^2}{8\pi\varepsilon_0 a} \frac{\mu}{m} \left(\frac{1}{n^2} - \frac{1}{n'^2} \right) \qquad ③$$
となる. $\nu = c/\lambda$ の関係が成り立つので③を利用すると R_H は次のように表される.
$$R_\text{H} = \frac{e^2}{8\pi\varepsilon_0 ach} \frac{\mu}{m} \qquad ④$$

参考 R_∞ の表式 陽子の質量を ∞ とすれば $\mu = m$ とおける. このため④に (5.12) を代入し, $\hbar = h/2\pi$ を使うと
$$R_\infty = \frac{me^4}{8\varepsilon_0^2 ch^3} \qquad ⑤$$
となる. ⑤に既知の物理定数を代入し $R_\infty = 1.0974 \times 10^7$ m^{-1} と計算される (演習問題 2).

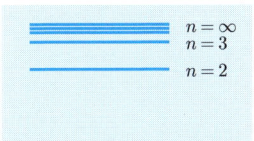

> R_∞ に対する結果は (5.2) (p.54) を四捨五入したものと一致する.

図 5.9 水素原子のエネルギー準位 $n = 1$ がエネルギー最低の基底状態, $n \geq 2$ が励起状態を表す.

=== R_∞ と R_H ===

陽子の質量は電子の 1840 倍なので $M = 1840 m$ である. そのため $m/\mu = 1 + 1/1840 = 1.00054$ で $R_\infty = R_\text{H}(m/\mu) = 1.00054 R_\text{H}$ となって p.54 で述べた結果が求まる.

5.5 前期量子論

前期量子論　ボーアの水素原子模型は古典物理学から量子力学への中継ぎという役割を果たし，現在ではそれを**前期量子論**という．現在の量子力学の立場から見ると，前期量子論は必ずしも満足すべき理論ではないが，歴史的な意味はともかくとして，この理論に含まれるいくつかの概念は現在でも生き残っている．前期量子論は古典力学に量子条件という一種の制限をつけた理論体系であるが，その量子条件を一般的に考えてみよう．

> エネルギー準位，基底状態，励起状態といった用語は現在でも使われる．

一般座標と一般運動量　力学では物体の位置を決めるのにふつう直交座標を使うが，一般的な座標を使う場合もありこれを**一般座標**という．簡単のため，1次元的な運動を想定しその一般座標を q とする．運動エネルギー K は一般に $q, \dot{q}$ の関数である．位置エネルギー U は通常 q の関数であるが

$$L = K - U \tag{5.15}$$

> $\dot{q} = dq/dt$ と定義される．

の L を**ラグランジアン**といい，また

$$p = \frac{\partial L}{\partial \dot{q}} \tag{5.16}$$

の p を q に共役な**一般運動量**という．

> 一般運動量の定義は自由度が1でない一般の体系に拡張される．
>
> 一般座標と一般運動量から構成される空間を**位相空間**という．

量子条件　ボーアの理論では定常状態を決めるための条件が必要であったが，これを拡張し一般的に次のような量子条件

$$\oint p\,dq = nh \quad (n = 0, 1, 2, \cdots) \tag{5.17}$$

を導入する．ただし，左辺の積分は，qp面（位相空間）における閉曲線の面積を意味する．水素原子の場合には (5.17) から (5.6)（p.56）が得られることが示される（演習問題4）．したがって，(5.17) は水素原子に対する量子条件を一般化したものであることがわかる．その具体例については例題7や演習問題5で論じる．

5.5 前期量子論

例題 7 一直線（x 軸）上で原点 O を中心として質点（質量 m）が角振動数 ω で単振動している．このような体系のエネルギー準位を求めよ．

解 運動エネルギーは $m\dot{x}^2/2$，位置エネルギーは $m\omega^2 x^2/2$ と表される．したがって，ラグランジアンは

$$L = \frac{m}{2}\dot{x}^2 - \frac{m\omega^2 x^2}{2} \qquad \text{⑥}$$

となる．⑥から一般運動量 p は $p = \partial L/\partial \dot{x} = m\dot{x}$ と計算され，これは通常の定義と一致する．また，体系の力学的エネルギー E は

$$E = \frac{p^2}{2m} + \frac{m\omega^2 x^2}{2} \qquad \text{⑦}$$

と書けるが，エネルギー保存則により E は定数である．よって

$$\frac{p^2}{2mE} + \frac{x^2}{2E/m\omega^2} = 1 \qquad \text{⑧}$$

が成り立ち，この関係は図 5.10 のような楕円で表され，その面積 S は

$$S = \pi\sqrt{2mE}\sqrt{\frac{2E}{m\omega^2}} = 2\pi\frac{E}{\omega} \qquad \text{⑨}$$

と書ける．量子条件により S は nh に等しいから量子数 n に相当するエネルギー準位は

$$E_n = n\hbar\omega \quad (n = 0, 1, 2, \cdots) \qquad \text{⑩}$$

と表される．

左のような体系を **1 次元調和振動子** という．

例題 7 では一般座標を表すのに x という記号を使う．

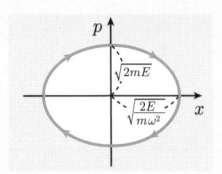

図 5.10 xp 面上の 1 次元調和振動子

量子力学の結果によると
$E_n = (n+1/2)\hbar\omega$
と書ける．

================ 矛盾的自己同一 ================

光は，これまで述べてきたように場合により，波のようにまたは粒子のように振る舞う．これを**波と粒子の二重性**という．この二重性はいわばジーキル博士とハイド氏のような二重人格を表すが，西田幾多郎（1870-1945）の哲学では「矛盾的自己同一」という考え方で記述される．火や核エネルギーは人間の役に立ったり途方もない災害をもたらしたりするし，ウイルスは生物であったり，無生物であったりする．このように，同じものが違ったふうに振る舞うことが矛盾的自己同一で近代の科学を理解するには必要な概念であると思われる．

演習問題
第5章

1 水素気体 1 g が燃焼すると 141 kJ の熱量（**燃焼熱**）が生じる．燃料電池で 1 g の水素が消費されたとき，燃焼熱に等しいだけの電気エネルギーが発生すると仮定して燃料電池の起電力を求めよ．

2 ⑤（p.59）で $m = 9.1094 \times 10^{-31}$ kg, $e = 1.6022 \times 10^{-19}$ C, $\varepsilon_0 = 8.8542 \times 10^{-12}$ C^2 N^{-1} m^{-2}, $c = 2.9979 \times 10^8$ m/s, $h = 6.6261 \times 10^{-34}$ J·s の数値を代入し R_∞ を計算せよ．

3 基底状態にある水素原子から電子をはがし，それを無限遠にもち去るため，すなわち水素原子をイオン化するのに必要なエネルギーを eV の単位で求めよ．

> 右のエネルギーを**電離エネルギー**という．

4 電子が陽子を中心として半径 r の等速円運動をしている場合，(5.17) の量子条件は (5.7)（p.56）に帰着することを示せ．

5 一直線（x 軸）上，$x = 0$ と $x = L$ に存在する固い壁の間で運動する質量 m の質点がある（図 **a**）．質点には壁との衝突以外に外力が働かないとし，壁との衝突は完全に弾性的でなめらかとする．したがって，xp 面上での質点の軌道は図 **b** のように表される．この体系のエネルギー準位を求めよ．

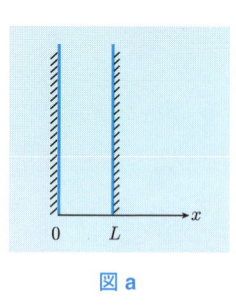

> 衝突の際，速度の向きは逆転しその大きさは変わらないとする．

図 **a**

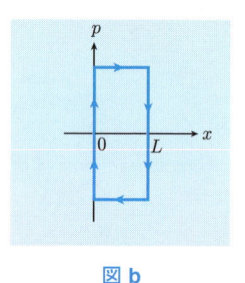

図 **b**

第6章

量子力学の原理

　波と粒子の二重性を根本的に理解するには前期量子論では不十分で量子力学の考え方が必要となる．古典力学の1つの特徴は因果律が成立することで，例えば前ページの図bで出発点のx, pを与えれば後の軌道は一義的に決まる．このような因果律に固執していると波と粒子の二重性が把握できないので，量子力学では因果律を否定し，粒子はある種の確率分布をもつと仮定する．この分布を記述するのが波動関数で，その絶対値の2乗が粒子の存在確率に比例する．波動関数はド・ブロイ波を表現するもので，その時間・空間的な発展はシュレーディンガー方程式で表される．本章では量子力学の原理について学ぶ．

---- 本章の内容 ----
6.1　波　動　関　数
6.2　シュレーディンガー方程式
6.3　確率の法則
6.4　ブラとケット
6.5　量子力学的な平均値

6.1 波動関数

ド・ブロイ波の表現　池の水面に小石を投げ込むと，図 6.1 に示すように，小石の落ちた点を中心として水面波が広がっていく．この波を記述するには，水面の各点における平均水準面からの上下方向の変位を導入すればよい．このような波動を記述する物理量を**波動量**とよぶことにする．古典物理学では，波として地震波，音波，電磁波などを扱うが，このような波を記述する波動量は変位，密度，電場，磁場などでいずれも直観的に理解しやすい物理量である．同じように，ド・ブロイ波もなんらかの波動量 ψ で表されるとし，それを**波動関数**という．波動関数は古典的な意味での波動量とは異なった性質をもち，この点に量子力学の特徴が現れるが，それについては順次述べることにする．

古典的な波の伝わり　x 軸の正方向に進む古典的な波を考え，その波動量を φ とする．φ は座標 x と時間 t の関数で，これを $\varphi = \varphi(x,t)$ と書き，それは図 6.2 の点線で表されるとする．$t=0$ での φ を $\varphi = f(x)$ とし，波の伝わる速さを c とすれば，図 6.2 のような x' をとると $x' = x - ct$ である．波の場合，波形が変わらずに全体のパターンが x 軸の正方向に進んでいくので，x における点線の φ 座標は x' における実線の φ 座標すなわち $f(x') = f(x - ct)$ に等しい．したがって

$$\varphi(x,t) = f(x - ct) \tag{6.1}$$

が成り立つ．同様に，x 軸の負の向きに進む波の場合，$t=0$ で $\varphi = g(x)$ とすれば，時刻 t における波動量は

$$\varphi(x,t) = g(x + ct) \tag{6.2}$$

と書ける．x 軸を伝わる波は一般に (6.1) と (6.2) の和で

$$\varphi(x,t) = f(x - ct) + g(x + ct) \tag{6.3}$$

と表される．

図 6.1 の水面波の場合，水面に浮かんでいる木の葉は波の進行に伴い上下に振動し，この振動状態が波として伝わっていく．

ψ はギリシア文字でプサイとよび，波動関数を慣習的にこの種の記号で表す．

$f(x)$ は波の形を表すのでこれを**波形**という．

6.1 波動関数

例題 1 (6.3) は次の偏微分方程式
$$\frac{1}{c^2}\frac{\partial^2 \varphi}{\partial t^2} = \frac{\partial^2 \varphi}{\partial x^2} \quad ①$$
を満たすことを示せ.

①を1次元の**波動方程式**という.

解 (6.3) を x に関して偏微分すれば次のようになる.
$$\frac{\partial \varphi}{\partial x} = f' + g', \quad \frac{\partial^2 \varphi}{\partial x^2} = f'' + g''$$
ただし,$f'(z) = df/dz, f''(z) = d^2 f/dz^2$ などの記号を用いた.同様に
$$\frac{\partial \varphi}{\partial t} = -cf' + cg', \quad \frac{\partial^2 \varphi}{\partial t^2} = c^2 f'' + c^2 g''$$
となり,①が示される.

参考 **平面波** 3次元の空間中を伝わる波に対する波動方程式は①を一般化した
$$\frac{1}{c^2}\frac{\partial^2 \varphi}{\partial t^2} = \frac{\partial^2 \varphi}{\partial x^2} + \frac{\partial^2 \varphi}{\partial y^2} + \frac{\partial^2 \varphi}{\partial z^2} = \Delta \varphi \quad ②$$
で与えられる.ここで Δ の記号はラプラシアンを表す.②で
$$\varphi = A e^{i\boldsymbol{k}\cdot\boldsymbol{r} - i\omega t} \quad ③$$
として上式の実数部分(あるいは虚数部分)が物理的な意味をもつとする.③で $\boldsymbol{k}, \boldsymbol{r}$ はベクトルで
$$\boldsymbol{k} = (k_x, k_y, k_z), \quad \boldsymbol{r} = (x, y, z) \quad ④$$
と書ける.特に $\boldsymbol{k}$ を**波数ベクトル**という.t を一定とすれば③は $\boldsymbol{k}\cdot\boldsymbol{r} =$ 一定 のとき一定値をもつ.左記の条件は空間中の1つの平面を表す.そのような意味で③のような波動量を**平面波**という.古典物理学だけでなく,量子力学においても波動関数が③のように記述される場合,それを平面波という.

③のように波動量を複素数で表す表示を**複素数表示**という.③の実数部分,虚数部分がどうなるかについては演習問題 2 を参照せよ.

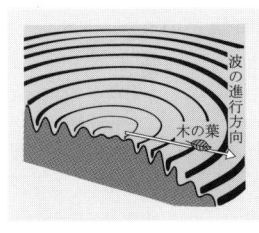

図 6.1 水面に生じた波   図 6.2 波の伝わり

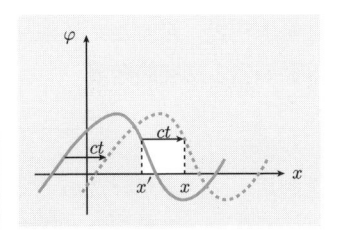

6.2 シュレーディンガー方程式

自由粒子　波動関数 ψ に対する方程式を導くため，外力の働かない質量 m の自由粒子を考える．この場合のエネルギー E は運動量 p により次のように書ける．

$$E = \frac{p^2}{2m} \quad (6.4)$$

振動数 ν の代わりに $\omega = 2\pi\nu$ の角振動数を導入すると，(4.8)（p.42）の左式は $E = \hbar\omega$ となる．(4.8) の右式は $k = 2\pi/\lambda$ とおけば，$p = \hbar k$ と書ける．p も k もベクトルとみなし，この式を一般化して次のようにおく．

$$\boldsymbol{p} = \hbar\boldsymbol{k} \quad (6.5)$$

(6.4), (6.5) から次式が導かれる．

$$E = \frac{\hbar^2 k^2}{2m} \quad (6.6)$$

シュレーディンガー方程式　ここで ψ は次の平面波

$$\psi = \psi_0 e^{i\boldsymbol{k}\cdot\boldsymbol{r} - i\omega t} \quad (6.7)$$

で与えられると仮定する．(6.7) から

$$\Delta\psi = -k^2\psi \quad (6.8)$$

が導かれるので（例題2），(6.6) は

$$-\frac{\hbar^2}{2m}\Delta\psi = E\psi \quad (6.9)$$

となる．これをシュレーディンガーの（時間によらない）波動方程式，E をエネルギー固有値という．

波動関数の時間的発展　次の関係（例題2）

$$\frac{\partial\psi}{\partial t} = -i\omega\psi \quad (6.10)$$

を利用し，$\omega = \hbar k^2/2m$ と $\Delta\psi = -k^2\psi$ を使うと次のシュレーディンガーの（時間を含んだ）波動方程式

$$-\frac{\hbar}{i}\frac{\partial\psi}{\partial t} = -\frac{\hbar^2}{2m}\Delta\psi \quad (6.11)$$

が導かれる．

> 振動数 ν と角振動数 ω は因子 2π だけ違うことに注意しなければならない．

> シュレーディンガー（1887-1961）はオーストリアの物理学者で，量子力学の建設の功績により 1933 年ノーベル物理学賞を受賞した．(6.9) を単に**シュレーディンガー方程式**という場合もある．

6.2 シュレーディンガー方程式

例題2 (6.7) の平面波に対し，(6.8), (6.10) の関係が成り立つことを示せ．

解 (6.7) から

$$\frac{\partial \psi}{\partial x} = \frac{\partial}{\partial x}\psi_0 e^{i(k_x x + k_y y + k_z z - \omega t)} = ik_x \psi_0 e^{i(\boldsymbol{k}\cdot\boldsymbol{r}-\omega t)}$$
$$= ik_x \psi \qquad\qquad ⑤$$

が得られ，⑤を繰り返し使えば $i^2 = -1$ に注意して

$$\frac{\partial^2}{\partial x^2}\psi = -k_x^2 \psi$$

となる．y, z でも同様で $k_x^2 + k_y^2 + k_z^2 = k^2$ に注意すると

$$\Delta \psi = -(k_x^2 + k_y^2 + k_z^2)\psi = -k^2 \psi$$

と書け，(6.8) が導かれる．同じようにして

$$\frac{\partial \psi}{\partial t} = \frac{\partial}{\partial t}\psi_0 e^{i(k_x x + k_y y + k_z z - \omega t)} = -i\omega\psi$$

となり，(6.10) が確かめられる．

成分で表すと
$\boldsymbol{k}\cdot\boldsymbol{r} = k_x x + k_y y + k_z z$ と書ける．

参考 運動量とナブラ記号　量子力学では物理量は単なる数ではなく演算子で表されるとする．例えば運動量 $\boldsymbol{p}$ はナブラ記号 ∇ を用いて

$$\boldsymbol{p} = \frac{\hbar}{i}\nabla \qquad\qquad ⑥$$

と書ける．例えば，⑥の x 成分をとると $p_x = (\hbar/i)\partial/\partial x$ であるが，⑤を用いると平面波に対し $p_x\psi = \hbar k_x \psi$ が成り立つ．y, z 成分も同様で $\boldsymbol{p}\psi = \hbar\boldsymbol{k}\psi$ となり，(6.5) に相当した関係が求まる．

∇ はベクトルの偏微分演算子で $\nabla = \left(\dfrac{\partial}{\partial x}, \dfrac{\partial}{\partial y}, \dfrac{\partial}{\partial z}\right)$
と定義される．∇ の代わりに grad の記号を使うこともあり⑥は

$$\boldsymbol{p} = (\hbar/i)\mathrm{grad}$$

と表される．

補足 ハミルトニアン　体系の力学的エネルギーを運動量と座標で表したものをハミルトニアンといい，通常これを H の記号で記す．例えば，質量 m の自由粒子では⑥を利用すると

$$H = \frac{p^2}{2m} = \frac{p_x^2 + p_y^2 + p_z^2}{2m} = -\frac{\hbar^2}{2m}\left(\frac{\partial^2}{\partial x^2} + \frac{\partial^2}{\partial y^2} + \frac{\partial^2}{\partial z^2}\right)$$
$$= -\frac{\hbar^2}{2m}\Delta \qquad\qquad ⑦$$

と書け，(6.9), (6.11) は

$$H\psi = E\psi, \quad -\frac{\hbar}{i}\frac{\partial \psi}{\partial t} = H\psi \qquad\qquad ⑧$$

と表される．

外力が働く場合　前ページの⑦で論じた自由粒子にポテンシャル $U(x,y,z)$ で記述される外力が加わる場合のハミルトニアンは $H = p^2/2 + U(x,y,z)$ となる．これに相当する量子力学的なハミルトニアンは

$$H = -\frac{\hbar^2}{2m}\Delta + U(x,y,z) \qquad (6.12)$$

で与えられる．外力が働くときでも，H として (6.12) を使えばよいと期待される．こうして，⑧により時間によらない，あるいは時間を含んだシュレーディンガー方程式は，それぞれ次式のように表される．

$$-\frac{\hbar^2}{2m}\Delta\psi + U\psi = E\psi \qquad (6.13)$$

$$-\frac{\hbar}{i}\frac{\partial \psi}{\partial t} = -\frac{\hbar^2}{2m}\Delta\psi + U\psi \qquad (6.14)$$

> ハミルトニアンは力学的エネルギーを表すので，運動エネルギーと位置エネルギーの和となる．

> (6.13) と (6.14) との関係について演習問題 3 で論じる．

適当な条件で (6.13) を解けば体系のエネルギー固有値 E が計算される．具体例は第 7 章で論じる．

波動関数の確率的解釈　量子力学では，粒子の位置や運動量が確定値をもつという概念を放棄し，これらは適当な確率分布を行うとする．その際，波動関数は粒子の存在確率を与える．すなわち，粒子が点 (x,y,z) 近傍の微小体積 dV 中に見出される確率は，時刻 t において

$$|\psi(x,y,z,t)|^2 dV \qquad (6.15)$$

に比例する．特に，波動関数が時間を含まないとき，粒子の存在確率は次の量に比例する（演習問題 3 参照）．

$$|\psi(x,y,z)|^2 dV \qquad (6.16)$$

規格化　粒子が領域 Ω 内で運動しているとき

$$\int_\Omega |\psi(x,y,z)|^2 dV = 1 \qquad (6.17)$$

のように ψ を選ぶことを**波動関数の規格化**という．ここで積分記号の添字は領域 Ω に関する体積積分を意味する．波動関数が規格化されると (6.16) は dV 中に粒子が見出される（相対的でない）真の確率を与える．

> シュレーディンガー方程式は線形なので ψ が解であればこれを定数倍した $c\psi$ も解である．c を適当に選べば規格化が実現する．

6.2 シュレーディンガー方程式

例題3 自由粒子に対する時間を含んだシュレーディンガー方程式を導く際，波動関数が実数であると仮定すると都合が悪く，複素数の導入が必要である事情を説明せよ．

解 自由粒子の場合，ド・ブロイ波に対して

$$\omega = \hbar k^2/2m \qquad ⑨$$

の関係が成り立つ．⑨を波動関数 ψ に作用し (6.8) を利用すると

$$\omega\psi = -\hbar\Delta\psi/2m \qquad ⑩$$

が得られる．ここでオイラーの公式（演習問題 2 参照）を使い ψ_0 は実数として (6.7) の平面波の実数部分をとって波動関数は

$$\psi = \psi_0 \cos(\boldsymbol{k}\cdot\boldsymbol{r} - \omega t)$$

で与えられるとする．これから

$$\frac{\partial}{\partial t}\psi_0 \cos(\boldsymbol{k}\cdot\boldsymbol{r} - \omega t) = \omega\psi_0 \sin(\boldsymbol{k}\cdot\boldsymbol{r} - \omega t)$$

となり，ω という項は出てくるが，cos 関数が sin 関数に変わり，(6.11) のように ψ だけを含む形にはならない．こうして波動関数は本質的に複素数であることがわかる．

> 自由粒子では $E = \hbar\omega$, $E = p^2/2m$, $p = \hbar k$ の関係から⑨が導かれる．

> 左の ψ に対し $\Delta\psi = -k^2\psi$ が成り立つ．

=== **複素数と波動関数** ===

物理の問題ではなんらかの観測の結果は物理量で表される．これらの物理量は適当な単位を使えば実数で書ける．例えば，長さが 3 m とか，質量が 2 g とか，温度が $-20\,°\mathrm{C}$ であるという．

しかし，数学の分野では実数という概念を広げ複素数を考えるのが便利である．元来 $x^2 = -1$ を満たす x を求めることから複素数の話が始まった．この x は**虚数単位**とよばれ i の記号でこれを表す．a, b を実数として $z = a + ib$ の関係で複素数 z を定義する．複素数を表すため，実数部分，虚数部分が x, y 座標であるような平面がよく使われる．これを**複素平面**（あるいは**ガウス平面**）という．

物理量は実数であるから，物理の問題を論じるのに複素数は不必要なように思える．例えば，単振動を記述する運動方程式は

$$d^2 x/dt^2 = -\omega^2 x$$

と表され，物理的に x は実数である．ここで x を複素数とみなせば，方程式の解は $e^{i\omega t}$ と書ける．この実数部分，虚数部分の $\cos\omega t, \sin\omega t$ は解であることがわかる．このような考えを p.65 で述べたように**複素数表示**といい，多くの物理の問題に応用されている．この表示は方程式を解くためのいわば 1 つの方便だが，量子力学での波動関数は例題 3 で述べたように本質的に複素数である．

> a, b をそれぞれ実数部分，虚数部分とよび $a = \mathrm{Re}\,z, b = \mathrm{Im}\,z$ と書く．また，$\sqrt{a^2 + b^2}$ を z の**大きさ**（または**絶対値**）といい $|z|$ と記す．

6.3 確率の法則

物理量と演算子　量子力学では運動量や力学的エネルギーは⑥, ⑦のような演算子として記述される．これを一般化し，量子力学では，物理量は適当な**演算子**（あるいは**作用素**という）で表されるとする．この演算子を Q としたとき，もし

$$Q\psi = \lambda\psi \tag{6.18}$$

が成立すれば（λ は c 数），ψ で表される状態で物理量 Q の測定を行ったとき，Q は確定値 λ をもつ．λ を Q の**固有値**，ψ をそれに対応する**固有関数**という．Q の性質により λ が離散的であったり，連続的であったり，両者が混在したりする．以下，簡単のため主として λ が離散的な場合を考えよう．

> 演算子に対し通常の数を c **数**という．(6.18) で $Q\psi$ は Q と ψ の積という意味ではなく ψ という関数に Q の演算を行った結果を表す．

位置を表す演算子　Q として何をとるかは考える物理量によって異なる．運動量，エネルギーについてはすでに学んだが，粒子の x, y, z 座標は単なる掛け算として表されることが知られている．すなわち，波動関数に x, y, z 座標を作用させたものは

$$x\psi, \ y\psi, \ z\psi \tag{6.19}$$

と表される．この場合の固有関数については次ページの参考をみよ．

確率の法則　物理量 Q の固有値が離散的であるとし，固有値に適当な番号をつけ，それらを $\lambda_1, \lambda_2, \lambda_3, \cdots$ とし，これに対応する固有関数を $\psi_1, \psi_2, \psi_3, \cdots$ とする．ψ_n の1次結合で表される

> 要素が番号づけられるような集合を可算集合または可付番集合という．

$$\psi = \sum c_n \psi_n \quad (n = 1, 2, 3, \cdots) \tag{6.20}$$

という状態 ψ で Q の測定を行うとその測定値は $\lambda_1, \lambda_2, \lambda_3, \cdots$ のいずれかになる．すなわち Q の測定値は確率分布するが，λ_n の得られる確率は $|c_n|^2$ に比例することが知られている．これを**確率の法則**という．

6.3 確率の法則

例題 4 領域 Ω 内で規格化された波動関数 ψ で記述される状態があり，Q は座標だけの関数と仮定する．この状態に対する Q の量子力学的な平均値を $\langle Q \rangle$ と記す．次の等式

$$\langle Q \rangle = \int_\Omega \psi^* Q \psi dV \qquad ⑪$$

を証明せよ．ただし，* は共役複素数を表す記号である．

解 (6.16) (p.68) により

$$\langle Q \rangle = \int_\Omega Q |\psi|^2 dV$$

と書ける．$|\psi|^2 = \psi^* \psi$ と表され，いまの場合 $Q\psi$ は Q と ψ との積であるとみなせるので⑪が導かれる．6.5 節で示すように，Q が演算子の場合にも⑪が成立する．

$z = a + ib$ の複素数に対し $z^* = a - ib$ の z^* を**共役複素数**という．$|z|^2 = a^2 + b^2 = z^* z$ が成り立つ．

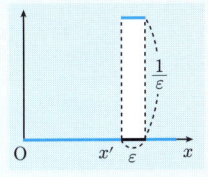

参考 **ディラックの δ 関数** 図 **6.3** のように $x' < x < x' + \varepsilon$ の領域で $1/\varepsilon$ という値をもち（ε は正の微小量）で，この領域外では 0 となるような関数を想定する．$\varepsilon \to 0$ の極限で得られる関数を $\delta(x - x')$ と書き，これを**ディラックの δ 関数**という．その構成法からわかるように $\delta(x - x')$ は次のような性質をもつ．

$$\delta(x - x') = \begin{cases} \infty & (x = x') \\ 0 & (x \neq x') \end{cases}$$

$$\int \delta(x - x') dx = 1$$

図 **6.3** δ 関数

$\delta(x - x')$ を x の関数とみなしたとき x' 以外では 0 であるから上式の積分範囲は x' を含む任意の領域としてよい．同じように

$$x \delta(x - x') = x' \delta(x - x')$$

が成り立つ．この関係は $\delta(x - x')$ が x の固有関数でその固有値が x' であることを示す．1 次元的あるいは 3 次元的な δ 関数に対し次の積分の関係が成立する．

$$\int f(x) \delta(x - x') dx = f(x')$$

$$\int f(\boldsymbol{r}) \delta(\boldsymbol{r} - \boldsymbol{r}') dV = f(\boldsymbol{r}')$$

ここで 3 次元的な δ 関数は次式で定義される．

$$\delta(\boldsymbol{r} - \boldsymbol{r}') = \delta(x - x') \delta(y - y') \delta(z - z')$$

一般に x の連続関数 $f(x)$ に対し $f(x) \delta(x - x') = f(x') \delta(x - x')$ となる．

6.4 ブラとケット

ブラ・ベクトルとケット・ベクトル　量子力学における記号として，波動関数 ψ を $|\psi\rangle$，その共役複素数 ψ^* を $\langle\psi|$ で記すことがある．前者をケット・ベクトル（略してケット），後者をブラ・ベクトル（略してブラ）と称する．また，演算子 Q に対し次のように書く．

$$\int \varphi^* Q \psi dV = \langle\varphi|Q|\psi\rangle \tag{6.21}$$

エルミート共役　(6.21) で $Q\psi$ は 1 つの関数とみなされるが，これをケットで表すと $|Q\psi\rangle$ となる．この共役複素数を

$$|Q\psi\rangle^* = \langle\psi|Q^\dagger \tag{6.22}$$

と表し $Q^\dagger$ を Q にエルミート共役な演算子という．上式を利用すると次の関係が得られる（例題 5）．

$$\langle\varphi|Q|\psi\rangle^* = \langle\psi|Q^\dagger|\varphi\rangle \tag{6.23}$$

上式からわかるように，左辺の共役複素数を求めるには左から右に並んでいる量を右から左へと書き換え演算子には $\dagger$ の記号をつければよい．この規則は一般的な場合にも成立する．

規格直交系と完全性　ケットの系 $|1\rangle, |2\rangle, \cdots$ が

$$\langle m|n\rangle = \delta_{mn} = \begin{cases} 1 & (m = n) \\ 0 & (m \neq n) \end{cases} \tag{6.24}$$

を満たすとき，この系は**規格直交系**を作るという．また，任意のケット $|\psi\rangle$ がケットの系 $|1\rangle, |2\rangle, \cdots$ により

$$|\psi\rangle = \sum c_n |n\rangle \tag{6.25}$$

と書けるとき，この系は**完全系**であるという．ケットの系が規格直交系を構成する場合，$c_m = \langle m|\psi\rangle$ と表される．これを (6.25) に代入すると $|\psi\rangle = \sum |n\rangle\langle n|\psi\rangle$ となり，次の**完全性**の条件が成り立つ．

$$\sum |n\rangle\langle n| = 1 \tag{6.26}$$

英語で括弧を bracket というが c の前半，後半をとり bra, ket という用語を用いる．6.5 節のコラムで述べるように，これはディラックが導入した記号である．なお $\dagger$ はダガーとよばれ，また固有関数に相当し固有ケットという言葉を使う．

$\langle\varphi|ABC|\psi\rangle^* = \langle\psi|C^\dagger B^\dagger A^\dagger|\varphi\rangle$ となる（演習問題 4 参照）．

δ_{mn} を**クロネッカーの δ** という．

量子力学では物理量に対応する演算子の固有関数は完全系であると仮定している．

6.4 ブラとケット

例題 5 (6.23) を導け．

解 通常の記号を用いると次のようになる．
$$\left(\int \varphi^*(Q\psi)dV\right)^* = \int (Q\psi)^*\varphi dV = \int \psi^* Q^\dagger \varphi dV$$

左式は $Q^\dagger$ の定義式である．

参考 エルミート演算子 ある演算子 Q のエルミート共役が Q 自身に等しいとき，すなわち

$$Q^\dagger = Q \qquad ⑫$$

が成り立つとき，この Q を**エルミート演算子**という．エルミート演算子の固有値は実数である．これを示すためケット表示を利用し Q の固有値を λ として $Q|\psi\rangle = \lambda|\psi\rangle$ の関係に注目する．$|\psi\rangle$ が規格化されていれば

$$\langle\psi|Q|\psi\rangle = \lambda$$

となる．この式の共役複素数をとり Q がエルミート演算子であることに注意すると $\lambda^\dagger = \lambda$ となって λ は実数であることがわかる．Q が物理量を表すとすれば，その固有値は実数でなければならない．これからわかるように，物理量を記述する演算子はエルミート演算子である．

λ を $\lambda = a + ib$ とおくと $\lambda^\dagger = a - ib$ と書け $\lambda^\dagger = \lambda$ だと $b = 0$ で λ は実数となる．

参考 異なる固有値に対する直交性 2つの固有値 λ_m, λ_n があると，固有ケットに対する方程式は次のように表される．

$$Q|m\rangle = \lambda_m|m\rangle, \quad Q|n\rangle = \lambda_n|n\rangle \qquad ⑬$$

⑬の右式から $\langle m|Q|n\rangle = \lambda_n\langle m|n\rangle$ となる．同じように⑬の左式から $\langle n|Q|m\rangle = \lambda_m\langle n|m\rangle$ が得られるが，この式の共役複素数をとり Q がエルミート演算子であること，λ_m が実数であることに注意すると $\langle m|Q|n\rangle = \lambda_m\langle m|n\rangle$ となる．こうして $(\lambda_m - \lambda_n)\langle m|n\rangle = 0$ が得られ，$\lambda_m \neq \lambda_n$ だと

$$\langle m|n\rangle = 0 \qquad ⑭$$

が成り立つ．同じ固有値に対し独立な固有ケットが 2 個以上あるとき（**縮退**があるとき），適当な方法でこれらを直交するように選べる．したがって，Q の固有ケットは規格直交系を構成するとして一般性を失わない．

2つのケット $|m\rangle, |n\rangle$ に対し⑭が成立するとき両者は**直交**するという．

補足 演算子の行列 演算子 Q を決めるには完全系に対し

$$Q|n\rangle = \sum_m Q_{mn}|m\rangle \qquad ⑮$$

で定義される Q_{mn} がわかればよい．Q_{mn} を**行列** Q の m 行 n 列の**行列要素**という．

行列を使うと，Q は 2 次元的な配列で表現される（演習問題 7）．

6.5 量子力学的な平均値

平均値　例題 4 で Q が座標だけの関数の場合，その量子力学的な平均値は⑪（p.71）で与えられることを示した．あるいはブラとケットの記号を用いると

$$\langle Q \rangle = \langle \psi | Q | \psi \rangle \tag{6.27}$$

と表される．以下に述べるように，(6.27) は一般に物理量 Q を記述する演算子に対して成り立つ関係である．

波動関数 ψ は領域 Ω 内で規格化されていると仮定し，(6.17)（p.68）を

$$\langle \psi | \psi \rangle = 1 \tag{6.28}$$

と書く．6.3 節で述べた確率の法則により $|\psi\rangle$ を Q の固有ケットで展開して $|\psi\rangle = \sum c_n |n\rangle$ とするとき，λ_n の得られる確率は $|c_n|^2$ に比例する．固有ケットが規格直交系を作るとすれば $\langle m | n \rangle = \delta_{mn}$ であるから (6.28) の規格化の条件により

$$\sum |c_n|^2 = 1 \tag{6.29}$$

となる．したがって，この場合，λ_n の得られる（相対的でない）真の確率は $|c_n|^2$ で等しい．その結果

$$\langle Q \rangle = \sum \lambda_n |c_n|^2 \tag{6.30}$$

と表される．ここで，$c_n = \langle n | \psi \rangle$ の関係を使い (6.26) を利用すると

$$\langle Q \rangle = \sum \langle \psi | n \rangle \lambda_n \langle n | \psi \rangle = \sum \langle \psi | Q | n \rangle \langle n | \psi \rangle$$
$$= \langle \psi | Q | \psi \rangle$$

と書け，(6.27) が一般的に成り立つことが確かめられる．

不確定性関係　粒子の x 座標，その運動量の x 成分 p_x に対し，**分散** $\Delta x, \Delta p_x$ をそれぞれ

$$(\Delta x)^2 = \langle (x - \langle x \rangle)^2 \rangle, \quad (\Delta p_x)^2 = \langle (p_x - \langle p_x \rangle)^2 \rangle$$

で定義すると次の不確定性関係が成り立つ．

$$\Delta x \cdot \Delta p_x \geq \hbar/2 \tag{6.31}$$

(6.28) で積分範囲は領域 Ω にわたるものとする．

$|\psi\rangle = \sum c_n |n\rangle$ にブラ $\langle m|$ を掛けると $\langle m | \psi \rangle = \sum c_n \langle m | n \rangle = \sum c_n \delta_{mn} = c_m$ となる．また $Q |n\rangle = \lambda_n |n\rangle$ である．

(6.31) の導出については阿部龍蔵著「量子力学入門」(岩波書店，1980) を参照せよ．

例題 6 で (6.31) の物理的な意味について学ぶ．

6.5 量子力学的な平均値

例題 6 量子力学の立場では，運動量と座標とを同時に正確に測定することはできず，どうしても両者に不確定さが残る．これを**ハイゼンベルクの不確定性原理**という．X 線顕微鏡で x 軸上の電子の位置と運動量を測定するとし上記の原理を導け．

解 X 線顕微鏡とは，通常の光のかわりに波長のごく短い電磁波を使うような顕微鏡である．一般に光は回折現象を示すので，顕微鏡で区別できる 2 点間の距離は，その光の波長程度である．このため，電子に波長 λ の X 線を x 方向に当て電子の位置を調べるとき，電子の x 座標の不確定さは $\Delta x \sim \lambda$ となる（図 6.4）．一方，電子に X 線を当てると，電子に運動量 h/λ の光子を当てることになるので，電子の運動量の x 成分にはそれと同程度の不確定さが生じ

$$\Delta p_x \sim h/\lambda$$

と表される．Δx と Δp_x の積を作ると

$$\Delta x \cdot \Delta p_x \sim h$$

となって不確定性原理が導かれる．

図 6.4 X 線顕微鏡による電子の測定

> ハイゼンベルク (1901-1976) はドイツの物理学者で量子力学の建設の功績により 1932 年ノーベル物理学賞を受賞した．
>
> 例題 6 のような定性的な議論では (6.31) の右辺の数係数の値を正確に決めることはできない．正確な議論には量子力学の原理を厳密に適用する必要がある．

=== ディラックのユーモア ===

6.4 節で導入したブラとケットはディラックの導入した記号である．1950 年に東大の物理学科に入学したが，ちょうどその頃ディラックの The Principles of Quantum Mechanics という量子力学の教科書の第 3 版が発行された．この本の第 2 版は仁科，朝永，玉木，小林によって訳されていたが，第 3 版の訳本はまだなかった．ところが，その原本の海賊版は出回っていて 1950 年の夏休みにこの教科書のゼミを数名の仲間と行うこととなった．同級の藤井昭彦氏は私より数年年長でこのゼミのチューターを引き受けてくださったが，彼は後に上智大の教授として活躍された．ディラックは英国人らしいユーモアのセンスに溢れ，その 1 つの現れがブラとケットである．なお，海賊版を出版していた業者は義賊と自称していたが，著作権のやかましい今日では彼らの行為は犯罪であろう．

> ディラック (1902-1984) はイギリスの物理学者で，電子に対する相対論的な波動方程式を導いた．その業績に対し 1933 年ノーベル物理学賞が贈られた．

演習問題 第6章

1 波動量が古典的な波動方程式
$$\frac{1}{c^2}\frac{\partial^2 \varphi}{\partial t^2} = \Delta\varphi$$
を満たすとする．φ が $\varphi = Ae^{i\boldsymbol{k}\cdot\boldsymbol{r}-i\omega t}$ という平面波で記述されるとき，$\boldsymbol{k}$ と ω との間にはどんな関係が成り立つか．

2 θ を実数として次のオイラーの公式を導け．
$$e^{i\theta} = \cos\theta + i\sin\theta$$

3 $\psi(x,y,z,t)$ は時間を含むシュレーディンガー方程式 (6.14) の解であるとする．$\psi(x,y,z,t)$ を
$$\psi(x,y,z,t) = e^{-iEt/\hbar}\psi(x,y,z)$$
と仮定すれば，$\psi(x,y,z)$ は (6.13) の解であることを示せ．

4 A, B, C が任意の演算子であるとして，次の関係を証明せよ．
$$\langle\varphi|ABC|\psi\rangle^* = \langle\psi|C^\dagger B^\dagger A^\dagger|\varphi\rangle$$

5 Q のエルミート共役のエルミート共役は Q 自身に等しい事実を導け．

6 運動量を表す $\boldsymbol{p} = (\hbar/i)\nabla$ はエルミート演算子であることを証明せよ．

7 Q を行列で表現し
$$Q = \begin{bmatrix} Q_{11} & Q_{12} & Q_{13} & \cdots \\ Q_{21} & Q_{22} & Q_{23} & \cdots \\ Q_{31} & Q_{32} & Q_{33} & \cdots \\ \cdots & \cdots & \cdots & \cdots \\ \cdots & \cdots & \cdots & \cdots \end{bmatrix}$$
とする．Q がエルミート演算子のとき，上の行列はどのような性質をもつか．

第7章

量子力学の応用

　量子力学は現代物理学の基礎ともいうべき学問分野である．量子力学のもっとも簡単な例題は自由粒子の体系で本章の最初にこの問題について学ぶ．原子核に潜むエネルギーが莫大な量に達することは量子力学の立場で始めて理解し得るもので，古典物理学ではどうしても説明のつかない事実である．この問題は粒子の質量，粒子の運動する範囲が決まると粒子のエネルギーが概算できる事実と関係している．本章では簡単な模型に基づきこの関係を紹介する．シュレーディンガー方程式が厳密に解ける体系はごく限られている．本章では比較的簡単に解ける水素原子の基底状態を考察し，この状態での電子の存在確率を計算する．

本章の内容

- 7.1 箱の中の自由粒子
- 7.2 固い壁間の1次元粒子
- 7.3 質量，長さ，エネルギー間の関係
- 7.4 水素原子の基底状態
- 7.5 電子の存在確率

7.1 箱の中の自由粒子

シュレーディンガー方程式　1辺の長さ L の立方体の箱の中を運動する質量 m の自由粒子を考える．図7.1のように，この立方体の各辺に沿って x, y, z 軸をとる．エネルギー固有値を E とすれば，この体系に対するシュレーディンガー方程式は次式で与えられる．

$$-\frac{\hbar^2}{2m}\Delta\psi = E\psi \tag{7.1}$$

あるいはラプラシアンの定義を用いると

$$-\frac{\hbar^2}{2m}\left(\frac{\partial^2\psi}{\partial x^2} + \frac{\partial^2\psi}{\partial y^2} + \frac{\partial^2\psi}{\partial z^2}\right) = E\psi \tag{7.2}$$

となる．(7.2) を解く1つの方法は

$$\psi(x, y, z) = X(x)Y(y)Z(z) \tag{7.3}$$

と仮定することである．(7.3) を (7.2) に代入し，全体を XYZ で割ると次式が得られる．

$$-\frac{\hbar^2}{2m}\left(\frac{X''}{X} + \frac{Y''}{Y} + \frac{Z''}{Z}\right) = E \tag{7.4}$$

周期的境界条件　(7.4) で x, y, z の関数の和が一定であるから，a, b, c を定数として

$$\frac{X''}{X} = a, \quad \frac{Y''}{Y} = b, \quad \frac{Z''}{Z} = c \tag{7.5}$$

でなければならない．a が正だと $X \propto \exp(\pm\sqrt{a}\,x)$ という形となり，$X(0) = X(L)$, $X'(0) = X'(L)$ という周期的境界条件が実現できない．したがって，a, b, c は負でこれらを $a = -k_x^2$, $b = -k_y^2$, $c = -k_z^2$ とおく．その結果，次の平面波

$$\psi = Ae^{i\boldsymbol{k}\cdot\boldsymbol{r}} \tag{7.6}$$

は方程式の解で，波数ベクトル $\boldsymbol{k}$ は p.19 の⑤と同様

$$\boldsymbol{k} = \frac{2\pi}{L}(l, m, n) \quad (l, m, n = 0, \pm 1, \pm 2, \cdots)$$

で与えられる．

(7.1) は (6.9)（p.66）と同じ方程式である．

(7.3) のように仮定して偏微分方程式を解く方法を**変数分離**の方法という．

(7.4) では微分で $X'' = d^2X/dx^2$ を意味する．

7.1 箱の中の自由粒子

例題 1 図 7.1 の立方体の内部を領域 Ω で表し、この領域の体積を V とする ($V = L^3$). 次の平面波の波動関数

$$\psi_{\boldsymbol{k}}(\boldsymbol{r}) = \frac{1}{\sqrt{V}}e^{i\boldsymbol{k}\cdot\boldsymbol{r}}$$

は箱中で規格化されていることを示し、また以下の規格直交性

$$\int_{\Omega} \psi_{\boldsymbol{k}}^{*}\psi_{\boldsymbol{k}'}dV = \delta(\boldsymbol{k},\boldsymbol{k}')$$

を証明せよ. ただし、積分は領域 Ω にわたる体積積分を表し、また、$\delta(\boldsymbol{k},\boldsymbol{k}')$ は 3 次元のクロネッカーの δ で $\delta(\boldsymbol{k},\boldsymbol{k}') = 1\ (\boldsymbol{k} = \boldsymbol{k}')$, $\delta(\boldsymbol{k},\boldsymbol{k}') = 0\ (\boldsymbol{k} \neq \boldsymbol{k}')$ を意味する.

解 $|e^{i\boldsymbol{k}\cdot\boldsymbol{r}}| = 1$ であるから

$$\int_{\Omega}|\psi_{\boldsymbol{k}}|^2 dV = \frac{1}{V}\int_{\Omega} dV = 1$$

となる. また

$$\int_{\Omega}\psi_{\boldsymbol{k}}^{*}\psi_{\boldsymbol{k}'}dV$$
$$= \frac{1}{V}\int_0^L e^{i(k'_x - k_x)x}dx \int_0^L e^{i(k'_y - k_y)y}dy \int_0^L e^{i(k'_z - k_z)z}dz$$

と書ける. ここで、x に関する積分に注目すると

$$\int_0^L e^{i(k'_x - k_x)x}dx = \int_0^L e^{2\pi i(l' - l)x/L}dx$$
$$= \frac{1}{2\pi i(l' - l)/L}\left[e^{2\pi i(l' - l)} - 1\right]$$

となる. $e^{2\pi i(l' - l)}$ は 1 であるから、$l' \neq l$ なら上式は 0 である. y, z に関する積分も同様の結果となり、$m' \neq m, n' \neq n$ であれば 0 となる. こうして、注目している積分は $\boldsymbol{k}'$ と $\boldsymbol{k}$ とが違えば 0 に等しいことがわかる. $\boldsymbol{k}'$ と $\boldsymbol{k}$ が同じときには

$$\psi_{\boldsymbol{k}}^{*}\psi_{\boldsymbol{k}} = |\psi_{\boldsymbol{k}}|^2$$

の関係に注意すれば、問題の積分は上述の場合に帰着し結果は 1 となる.

箱に対する波動関数の規格化を**箱中の規格化 (box normalization)** という. これは箱中に 1 個の粒子が存在する場合を記述する.

$\boldsymbol{k}, \boldsymbol{k}'$ は前ページの一番下の式で与えられるとする.

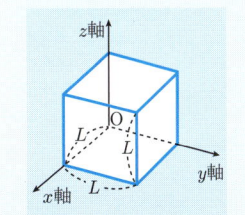

図 7.1 1 辺の長さが L の立方体

7.2 固い壁間の1次元粒子

固い壁　図7.2に示すように，$x=0$ と $x=L$ に無限大の大きさのポテンシャルがあるとする．x 軸上で質量 m の粒子が運動しているとし，この系のエネルギー固有値 E を求めよう．1次元の問題とするので波動関数は x だけの関数となる．$x=0, x=L$ で U は ∞ であるから，(6.13) からわかるように，そこで ψ が有限だと $U\psi$ の項が ∞ となり具合が悪い．よって，$x=0$ と $x=L$ で $\psi=0$ となり，事実上，粒子は $0<x<L$ の領域で運動するとしてよい．

> 図7.2に示すポテンシャルは固い壁を表すと考えてよい．

> $x=0$ と $x=L$ における条件は波動関数に課せられた境界条件である．

シュレーディンガー方程式　$0<x<L$ におけるシュレーディンガー方程式は

$$-\frac{\hbar^2}{2m}\frac{d^2\psi}{dx^2} = E\psi \tag{7.7}$$

と書ける．$E>0$ と仮定し

$$E = \frac{\hbar^2 k^2}{2m} \tag{7.8}$$

とおくと，(7.7) は

$$\frac{d^2\psi}{dx^2} = -k^2\psi \tag{7.9}$$

となる．この微分方程式を解き，境界条件を満たすように k を決めると

$$kL = n\pi \quad (n=1,2,3,\cdots) \tag{7.10}$$

が得られる（例題2）．上式から k を求め (7.8) に代入すると，エネルギー固有値として

$$E_n = \frac{n^2\pi^2\hbar^2}{2mL^2} \quad (n=1,2,3,\cdots) \tag{7.11}$$

> 古典力学ではエネルギーは連続的であるが，量子力学では (7.11) のように離散的な値が許される．

が求まる．(7.10) 中の n は前期量子論の (5.6) に相当する整数で，前期量子論と同様，量子数とよばれる．$n=1$ の場合はエネルギー最低の状態（基底状態）を表す．$E_2, E_3, \cdots$ は E_1 の $4, 9, \cdots$ 倍となる（図7.3）．

7.2 固い壁間の1次元粒子

例題2 境界条件を満たすような (7.9) の解を求め，エネルギー固有値を計算せよ．

解 (7.9) の一般解は A, B を任意定数として
$$\psi = A\sin kx + B\cos kx \quad ①$$
で与えられる．境界条件により $x=0$ で $\psi=0$ であるから $B=0$ となり，その結果 ψ は
$$\psi = A\sin kx \quad ②$$
と表される．一方，$x=L$ で $\psi=0$ という境界条件から $\sin kL = 0$ と書け，これから
$$kL = n\pi \quad (n = 1, 2, 3, \cdots) \quad ③$$
が得られる．上式から k を求め，それを (7.8) に代入すれば (7.11) が導かれる．

①は x 軸上を伝わる古典的な波を記述する方程式と同じで，現在の境界条件は $x=0, x=L$ が固定端であることに対応する．

補足 波動関数の選び方　上の例題で k を決めるとき，$n=0$ とおくと $k=0$ となり②の ψ は恒等的に 0 で物理的に無意味であるからこの場合は除外することにする．また，$n=-1,-2,\cdots$ などは単に $n=1,2,\cdots$ の波動関数の符号を変えたもので物理的に新しい状態ではないのでこれらも除外する．このようにして可能な量子数の値は $n=1,2,3,\cdots$ であることがわかる．

$\sin(-x) = -\sin x$ が成り立つ．

参考 古典力学と量子力学の違い　プランク定数 h を 0 にした極限は古典力学を表すと考えられる．この極限で図 7.3 のエネルギー間隔は 0 となり，古典力学でエネルギーは連続的な値をとることになる．エネルギーが連続的でなく，離散的である点に量子力学の特徴がある．

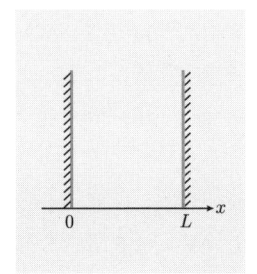

図 7.2　$x=0, L$ における固い壁

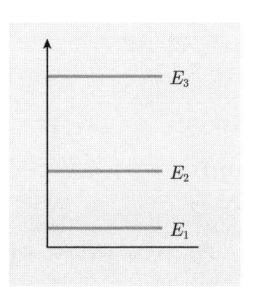

図 7.3　エネルギー固有値

7.3 質量, 長さ, エネルギー間の関係

エネルギーに対する評価　(7.11) で $n=1$ とすれば, エネルギーの値は

$$E = \frac{\pi^2 \hbar^2}{2mL^2} \tag{7.12}$$

と書ける. 上式は固い壁間の自由粒子に対して成り立つ関係だが, 一般に質量 m の粒子が長さ L の領域に閉じ込められていると, その量子力学的なエネルギーは数係数を除き (7.12) の程度であると考えてよい.

> 物理量の程度を表すのにオーダーという用語を使うことがある. すなわち, 長さ L 中の粒子 (質量 m) のエネルギーのオーダーは (7.12) で与えられる.

原子, 分子のエネルギー　原子, 分子の問題では原子核の質量は電子の質量の数 1000 倍となり, 原子核は静止しているとみなせる. したがって, これらの体系では m は電子の質量と考えられる. また, 原子, 分子の大きさは Å の程度で $L \sim 10^{-10}$ m となる. 以上の数値を使うと E は 30 eV の程度と計算される (例題 3). こうした評価から理解されるように, 原子, 分子の化学エネルギーは eV のオーダーで, eV が適性な単位となる. 実際, 水素原子の電離エネルギーは 13.6 eV, また第 5 章の例題 1 (p.51) で述べたように水素分子の解離エネルギーは 4.6 eV で両者とも eV の程度である.

核エネルギー　原子核に潜むエネルギーを**核エネルギー**という. (7.12) に示すように E は mL^2 に反比例するが, 原子核の大きさ L は $L \sim 10^{-14}$ m のオーダーであるから, L^2 は原子, 分子に比べ 10^{-8} 倍となる. 一方, 原子核の場合, m は核子の質量で電子の約 2000 倍となり, mL^2 は電子の 2×10^{-5} 倍となる. このため核エネルギーは

$$30\,\text{eV} \times 10^5/2 = 1.5 \times 10^6\,\text{eV} = 1.5\,\text{MeV}$$

と求まり, MeV が適正な単位となる. 核エネルギーが化学エネルギーに比べ 100 万倍も大きいのは質量は大きいが, 原子核が原子に比べ非常に小さいためである.

> 核子の質量は電子の質量の 1840 倍である.
>
> $\text{MeV} = 10^6\,\text{eV} = 1.602 \times 10^{-13}$ J を**メガ電子ボルト**という.

7.3 質量，長さ，エネルギー間の関係

例題3 (7.12) で $\hbar \sim 10^{-34}$ J·s, $m \sim 10^{-30}$ kg, $L \sim 10^{-10}$ m として E を評価せよ．

解

$$E \sim \frac{\pi^2 \times 10^{-68}}{2 \times 10^{-30} \times 10^{-20}} \text{ J} \simeq 5 \times 10^{-18} \text{ J}$$

$$= \frac{5 \times 10^{-18}}{1.6 \times 10^{-16}} \text{ eV} \simeq 30 \text{ eV}$$

と概算される．

参考 ド・ブロイ波とエネルギーの評価 体系の大きさが L だとド・ブロイ波の波長 λ も L であると期待され，粒子の運動量 p はアインシュタインの関係 (4.7) (p.40) の右式により

$$p = \frac{h}{L} \qquad ④$$

と表される．したがって，粒子のエネルギー E は $E = p^2/2m$ を利用し，次式のようになる．

$$E = \frac{h^2}{2mL^2} \qquad ⑤$$

$\hbar = h/2\pi$ であるから (7.12) を 4 倍すれば⑤と一致する．

> ド・ブロイ波の波長を $2L$ にとれば (7.12) が導かれる．

核エネルギーの解放

核エネルギーの利用が実用化される前，人類はエネルギー源として水力，石炭，石油などの位置エネルギー，化学エネルギーを用いていた．原子核については第 9 章で学ぶが，核分裂によって膨大な核エネルギーの解放されることがわかった．その先鞭をつけたのはフェルミである．彼自身はユダヤ人ではなかったが，奥さんがユダヤ人だという理由で身の危険を察知し，アメリカに亡命した．1938 年にノーベル物理学賞を受賞したが，家族とともにストックホルムに行きそのままアメリカに亡命した．亡命後，アメリカのシカゴ大学における原子炉の建設で指導的な役割を果たし，1942 年 12 月 2 日はじめてウラン原子核の連鎖反応の実現に成功した．1959 年に著者がシカゴ大学を訪問したとき原子炉はなくなりフットボール場になっていたが，その柵にこの場所で世界最初の連鎖反応が実現した旨の掲示がしてあった．その様子を 8 mm ムービーでとり最近ムービーを VHS に変換したが，残念ながら画面が小さすぎて，掲示の文字を読みとることはできなかった．

> フェルミ（1901-1954）はイタリア生まれの物理学者である．

7.4 水素原子の基底状態

シュレーディンガー方程式 陽子は座標原点に静止しているとし電子の質量を m とすれば，水素原子に対するシュレーディンガー方程式は

$$-\frac{\hbar^2}{2m}\Delta\psi - \frac{e^2}{4\pi\varepsilon_0 r}\psi = E\psi \tag{7.13}$$

と書ける．r は陽子，電子間の距離で電子の座標を x, y, z とすれば，r は次式で与えられる．

$$r = \sqrt{x^2 + y^2 + z^2} \tag{7.14}$$

> 水素原子の体系はシュレーディンガー方程式が厳密に解ける数少ない例の 1 つである．

基底状態 基底状態では ψ は r だけの関数になることが知られている．この場合，(7.13) は

$$-\frac{\hbar^2}{2m}\left(\frac{d^2\psi}{dr^2} + \frac{2}{r}\frac{d\psi}{dr}\right) - \frac{e^2}{4\pi\varepsilon_0 r}\psi = E\psi \tag{7.15}$$

となる（例題 4）．A, c を定数として ψ を

$$\psi = Ac^{cr} \tag{7.16}$$

とおく．(7.16) を (7.15) に代入すると

$$-\frac{\hbar^2}{2m}\left(c^2 + \frac{2c}{r}\right) - \frac{e^2}{4\pi\varepsilon_0 r} = E \tag{7.17}$$

> 電子の位置を極座標で表すと ψ は一般に r, θ, φ の関数になる．

が得られる．左辺の $1/r$ の係数を 0 とおくと $-\hbar^2 c/m - e^2/4\pi\varepsilon_0 = 0$ となり c は

$$c = -\frac{me^2}{4\pi\varepsilon_0 \hbar^2} \tag{7.18}$$

と求まる．また，E は次のように表される．

$$E = -\frac{\hbar^2 c^2}{2m} \tag{7.19}$$

ボーア半径 a に対する表式 (5.12)（p.58）を使うと

$$c = -\frac{1}{a} \tag{7.20}$$

と書け，(7.19) は次のように表される．

$$E = -\frac{\hbar^2}{2ma^2} \tag{7.21}$$

> (7.20) を使うと波動関数は $Ae^{-r/a}$ となる．定数 A は規格化条件から決められる（p.86）．

7.4 水素原子の基底状態

例題 4 ψ が r だけの関数として $\Delta\psi$ を求めよ．

解 (7.14) を用いると

$$\frac{\partial \psi}{\partial x} = \frac{d\psi}{dr}\frac{\partial r}{\partial x} = \frac{d\psi}{dr}\frac{x}{\sqrt{x^2+y^2+z^2}} = \frac{d\psi}{dr}\frac{x}{r} \quad \text{⑥}$$

となり，さらに⑥を x で偏微分すると

$$\frac{\partial^2 \psi}{\partial x^2} = \frac{d^2\psi}{dr^2}\frac{\partial r}{\partial x}\frac{x}{r} + \frac{d\psi}{dr}\frac{1}{r} + \frac{d\psi}{dr}x\frac{\partial}{\partial x}\left(\frac{1}{r}\right)$$

$$= \frac{d^2\psi}{dr^2}\frac{x^2}{r^2} + \frac{d\psi}{dr}\frac{1}{r} - \frac{d\psi}{dr}\frac{x^2}{r^3} \quad \text{⑦}$$

が得られる．y,z に関する 2 回偏微分も同様で，⑦の x をそれぞれ y,z で置き換えればよい．したがって，次の結果が得られる．

$$\Delta\psi = \frac{d^2\psi}{dr^2}\frac{x^2+y^2+z^2}{r^2} + \frac{d\psi}{dr}\frac{3}{r} - \frac{d\psi}{dr}\frac{x^2+y^2+z^2}{r^3}$$

$$= \frac{d^2\psi}{dr^2} + \frac{2}{r}\frac{d\psi}{dr} \quad \text{⑧}$$

⑧を (7.13) に代入すれば (7.15) が導かれる．

参考 水素原子のエネルギー準位　ψ が一般に r,θ,φ の関数であるとしてシュレーディンガー方程式を解けばエネルギー準位が求まる．ボーア半径 a に対する表式と $\hbar = h/2\pi$ を使うと (7.21) は次のように書ける．

$$E = -\frac{me^4}{8\varepsilon_0^2 h^2} \quad \text{⑨}$$

水素原子の一般のエネルギー準位は，⑨のように表すと

$$E_n = -\frac{me^4}{8\varepsilon_0^2 h^2}\frac{1}{n^2} \quad (n=1,2,3,\cdots) \quad \text{⑩}$$

となり，前期量子論の結果と一致する．

水素原子に対する量子力学の結果が前期量子論と同じになるのは偶然の一致である．

補足 水素原子の電離エネルギー　電子が陽子から無限に離れていて $(r \to \infty)$，電子が静止している場合が水素原子のエネルギーの原点である．通常の温度にある水素原子は基底状態にあるとしてよいので，この状態を上のエネルギーの原点にもっていくためには $E_\mathrm{i} = -E_1$ のエネルギーが必要で，これは電離エネルギーである．⑩により E_i は

$$E_\mathrm{i} = \frac{me^4}{8\varepsilon_0^2 h^2} \quad \text{⑪}$$

と書け，これは前期量子論（p.62）と同じく $13.6\,\mathrm{eV}$ となる．

E_i は水素原子を電離化するのに必要なエネルギーである．

Γ 関数　　水素原子に関連した各種の計算を実行するには

$$\Gamma(s) = \int_0^\infty x^{s-1}e^{-x}dx \quad (s>0) \qquad (7.22)$$

で定義される Γ 関数を使うと便利である．特に $s=1$ であれば

$$\Gamma(1) = \int_0^\infty e^{-x}dx = -e^{-x}\Big|_0^\infty = 1 \qquad (7.23)$$

と計算される．また，部分積分を利用すると

$$\Gamma(s+1) = \int_0^\infty x^s e^{-x}dx$$

$$= -x^s e^{-x}\Big|_0^\infty + \int_0^\infty s\,x^{s-1}e^{-x}dx$$

が得られる．$x^s e^{-x}$ は x が 0 でも ∞ でも 0 になるので，次の公式

$$\Gamma(s+1) = s\Gamma(s) \qquad (7.24)$$

が成り立つ．(7.24) を繰り返し利用すると，一般に n を 0 または正の整数としたとき

$$\Gamma(n+1) = n! \qquad (7.25)$$

となる．あるいは次の関係

$$\int_0^\infty x^n e^{-x}dx = n! \qquad (7.26)$$

は覚えやすい公式であろう．

波動関数の規格化　　波動関数 $Ae^{-r/a}$ が全空間で規格化されているとすれば

$$4\pi A^2 \int_0^\infty r^2 e^{-2r/a}dr = 1 \qquad (7.27)$$

が成り立つ．$r=(a/2)x, dr=(a/2)dx$ という変数変換を行い (7.26) を利用すると $\pi A^2 a^3 = 1$ が得られる．$A>0$ として A を解けば

$$\psi = \frac{e^{-r/a}}{\sqrt{\pi a^3}} \qquad (7.28)$$

の ψ は水素原子の基底状態を表す全空間で規格化された波動関数であることがわかる．

---

s は複素数でもよいが (7.22) では s は正の実数とする．

(7.23) により $\Gamma(2)=1, \Gamma(3)=2\Gamma(2)=2!, \Gamma(4)=3\Gamma(3)=3!,\cdots$ と表される．

$A^2 \int e^{-2r/a}dV = 1$ の関係で図 7.4 のような $r \sim r+dr$ の部分の体積が $dV = 4\pi r^2 dr$ であることに注意する．

7.4 水素原子の基底状態

例題 5 基底状態にある水素原子で r^n $(n=0,1,2,\cdots)$ の量子力学的な平均値を求めよ．

解 全空間で規格化された波動関数 ψ により r^n の量子力学的な平均値 $\langle r^n \rangle$ は

$$\langle r^n \rangle = \int r^n |\psi|^2 dV$$

と表される．ここで積分は全空間にわたるものである．図 7.4 を参考にし，(7.28) に注意すると $\langle r^n \rangle$ は

$$\langle r^n \rangle = \frac{4\pi}{\pi a^3} \int_0^\infty r^{n+2} e^{-2r/a} dr$$

と表される．ここで前と同様 $r = (a/2)x$, $dr = (a/2)dx$ という変数変換を導入すると

$$\langle r^n \rangle = \frac{4}{a^3} \left(\frac{a}{2}\right)^{n+3} \int_0^\infty x^{n+2} e^{-x} dx \qquad ⑫$$

となる．(7.26) を利用すると⑫から次の結果が得られる．

$$\langle r^n \rangle = \frac{(n+2)!}{2^{n+1}} a^n \qquad ⑬$$

⑬で $n=0$ とおけば $2!/2 = 1$ に注意し当然のことながら $\langle 1 \rangle = 1$ となる．

(7.22) はオイラーの第二種積分とよばれる．

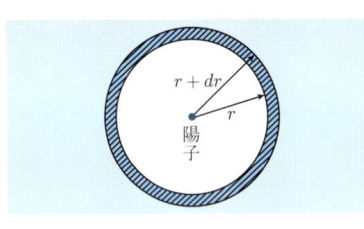

図 7.4 $r \sim r + dr$ の部分

Γ 関数の効用

かつて Γ 関数は 18, 19 世紀の数学者オイラー (1707-1783)，ワイヤシュトラス (1815-1897) などによって研究されていた．(7.25) からわかるように，Γ 関数は階乗という概念の拡張である．ここでは水素原子を例にして Γ 関数を論じたが，気体運動論，固体論など Γ 関数は物理の各所で現れる．物理の理論的な研究者で Γ 関数を使わなかった人は皆無に違いない．

7.5 電子の存在確率

位置の確率分布　波動関数 ψ が全空間で規格化されているとき，粒子の位置が空間中の微小体積 dV にある確率は $|\psi|^2 dV$ で与えられる．これを水素原子の基底状態に適用すると，(7.28) を使い電子が dV 中に見いだされる確率は

$$\frac{e^{-2r/a}}{\pi a^3} dV \tag{7.29}$$

と書ける．微小体積として図 **7.4** の斜線部分を考えると，この中に電子が見いだされる確率，すなわち陽子，電子の距離が r と $r+dr$ との間にある確率 $P(r)dr$ は

$$P(r)dr = \frac{4}{a^3} r^2 e^{-2r/a} dr \tag{7.30}$$

と表される．この $P(r)$ は陽子，電子間の距離の分布を記述する関数で，その r 依存性は図 **7.5** のようになり，$r = a$ で $P(r)$ は最大となる（例題 6）．

$f(r)$ の平均値　r の関数 $f(r)$ の平均値は

$$\langle f(r) \rangle = \int_0^\infty f(r) P(r) dr \tag{7.31}$$

で与えられる．$f(r) = r^n$ とおくと (7.31) は例題 5 の結果に帰着する．

古典力学と量子力学の違い　水素原子の基底状態の場合，古典力学や前期量子論では，電子は陽子を中心としボーア半径 a の円周上だけに分布すると考える［図 **7.6(a)**］．これに対し，量子力学では同図 **(b)** のように，電子はある種の空間的な分布をする．古典力学の場合 r は確定値 a をもつので $\langle r \rangle = a$ である．一方，量子力学では前ページの⑬で $n = 1$ とおけば

$$\langle r \rangle = \frac{3}{2} a \tag{7.32}$$

となり，古典的な値の 1.5 倍である．

---

p.86 で注意したように，図 **7.4** の斜線部分の体積は $4\pi r^2 dr$ と表される．

$3! = 6$ を使うと $\langle r \rangle = \frac{6}{2^2} a$ と書ける．

7.5 電子の存在確率

例題6 $P(r)$ の r 依存性を考察し，$r = a$ で $P(r)$ は最大となることを示せ．

解 (7.30) により

$$P(r) = \frac{4}{a^3} r^2 e^{-2r/a} \qquad ⑭$$

と表される．$r \ll a$ のときには

$$e^{-2r/a} \simeq 1$$

とおけるので $P(r) \propto r^2$ となり，$P(r)$ は放物線状に振る舞う．一方，$r \gg a$ では $P(r)$ は指数関数的に減少していく．r に関する微分を $'$ で表すと⑭から

$$P'(r) = \frac{8r}{a^3} e^{-2r/a} \left(1 - \frac{r}{a}\right) \qquad ⑮$$

が求まる．$0 < r < a$ では $P'(r) > 0$ で $P(r)$ は r の増加関数，$a < r$ では $P'(r) < 0$ で $P(r)$ は r の減少関数なので，$P(r)$ は図 7.5 のように記述され $r = a$ で最大となる．

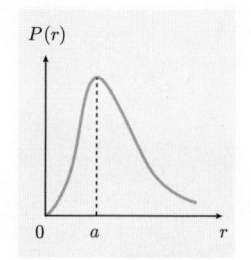

図 7.5 $P(r)$ の r 依存性

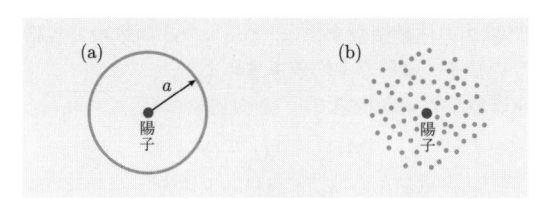

図 7.6 水素原子中の電子分布

補足 **量子効果** プランク定数が有限なために生じる現象を一般に**量子効果**という．水素原子の電離エネルギーに対する表式 ⑪ (p.85) で $h \to 0$ とすれば $E_i \to \infty$ となるので，E_i が有限なのは量子効果である．

案外身近な現象中に量子効果がある．夏の日差しの強いところでは日焼けを起こすが，これは紫外線に含まれるエネルギーの大きな光子の影響である．光子のエネルギー $h\nu$ で $h \to 0$ とすればこれは 0 となってしまう．日焼けは量子効果であるといえるだろう．葉緑素をもつ植物は太陽の光子のエネルギーを利用し，光合成により有機物を作っている．光合成は生物が存在するため絶対必要な化学反応で，生物の存在は一種の量子効果である．

赤外線に長時間当たっても日焼けを起こさない．

演習問題 第7章

1. 波数 $10^{10}\,\mathrm{m}^{-1}$ の電子のもつ運動エネルギーは何 J か．またそれは何 eV か．

2. x 軸上で原点を中心として角振動数 ω で単振動する質量 m の粒子がある．このような1次元調和振動子に対する次の設問に答えよ．

    (a) シュレーディンガー方程式はどのように表されるか．

    (b) 基底状態の波動関数 ψ は A, c を定数として $\psi = A\exp(-cx^2)$ と表される．シュレーディンガー方程式から c およびエネルギー固有値 E を求めよ．

    > 古典的な1次元調和振動子について p.9 で学んだ．

3. $\varGamma$ 関数に対する次の結果
$$\varGamma\left(\frac{1}{2}\right) = \sqrt{\pi}$$
を導け．

4. 問題2の波動関数を $-\infty < x < \infty$ の領域で規格化し x^{2n} の量子力学的な平均値を求めよ．

5. 水素原子の基底状態で
$$(\varDelta r)^2 = \langle (r - \langle r \rangle)^2 \rangle$$
によって定義される $\varDelta r$ を計算せよ．

6. 次に示す現象は量子効果であるかどうかについて論じよ．

    (a) 物体が自由落下していく現象．

    (b) 鉄を熱すると赤く光るようになる．

    (c) テレビやラジオが視聴できるのは，電磁波が空間中を伝わるからである．

    (d) 原子核の内部には膨大な核エネルギーが潜んでいる．

    (e) 光速に近い速さで運動する物体の質量は見かけ上重くなる．

第8章

固体の物性

　量子力学は現代のハイテクを支えるという側面をもつ．物質には電気をよく通す導体と電気を通さない絶縁体とがあるが，そもそもなぜ物質にこのような区別があるのか，古典物理学では理解困難であり，上記のような疑問は量子力学により初めて解決される．導体と絶縁体との中間にあるのが半導体で，ゲルマニウムやシリコンは現在の電子技術の基礎ともいうべき時代の寵児である．半導体は不純物によって大きくその性質が違ってくるが，その理由も量子力学の立場から理解できる．本章では周期場中のシュレーディンガー方程式を考察し，固体の物性を理解するための基本的な事項について学ぶ．このような基礎に立ち，n型半導体，p型半導体に言及してこれらの応用面での例としてトランジスターの原理について触れる．

本章の内容

8.1　固体の周期場
8.2　ブロッホの定理
8.3　格子と逆格子
8.4　フェルミ分布
8.5　導体と絶縁体
8.6　半　導　体
8.7　電子技術

8.1 固体の周期場

物質の三態　1気圧の下で水を冷やすと 0°C で氷になり，逆に熱すると 100°C で水蒸気になる．このように，液体が固体に変わったり，液体が気体に変わる事実は日常よく経験される現象である．一般に，物質は温度，圧力が決まると，気体，液体，固体のいずれかの状態をとる．この3つの状態を**物質の三態**という．本章では固体の状態について考えていく．

> 液体が固体や気体に変化する現象は物理や化学の法則を知らない原始人も容易に理解できたであろう．

結晶構造　固体が液体や気体と違う大きな特徴の1つは，固体では格子点が規則正しく並び結晶を構成するという点である．格子点としては分子，原子，イオンなどが考えられ，その違いは固体の種類に依存する．例えば，食塩 (NaCl) では Na$^+$, Cl$^-$ という正負のイオンが交互に並び図 8.1 のような結晶を構成している．図の青玉を Na$^+$，白玉を Cl$^-$ と考えてもよいし，その逆でもよい．

> 図 8.1 のような結晶を**イオン結晶**という．

1次元のシュレーディンガー方程式　結晶の1つの模型として，長い直線上で等間隔 a で陽子が並んでいるとする（図 8.2）．このような a を一般に**格子定数**という．陽子は電子にクーロン力を及ぼし，そのポテンシャルは図の点線のように書ける．これらの点線のポテンシャルを全部加えたものが実線のように表され，この種の考察からわかるように電子に働くポテンシャル $U(x)$ は

$$U(x+a) = U(x) \tag{8.1}$$

という性質をもつ．$U(x)$ は周期 a をもつ x の周期関数である．このため，$U(x)$ を**周期ポテンシャル**という場合がある．$U(x)$ があるとき，電子に対するシュレーディンガー方程式は

$$-\frac{\hbar^2}{2m}\frac{d^2\psi(x)}{dx^2} + U(x)\psi(x) = E\psi(x) \tag{8.2}$$

と書ける．

> 図 8.2 で実線が $U(x)$ を表す．

8.1 固体の周期場

例題 1 周期場中の方程式 (8.2) で $\psi(x+a) = \lambda \psi(x)$ (λ：適当な定数) と仮定してよいことを示せ．

解 (8.2) で $x \to x+a$ とおき

$$\frac{d\psi(x+a)}{d(x+a)} = \frac{d\psi(x+a)}{dx}, \quad \frac{d^2\psi(x+a)}{d(x+a)^2} = \frac{d^2\psi(x+a)}{dx^2}$$

を使うと，(8.1) を利用し

$$-\frac{\hbar^2}{2m}\frac{d^2\psi(x+a)}{dx^2} + U(x)\psi(x+a) = E\psi(x+a) \quad ①$$

が得られる．したがって，$\psi(x+a)$ も方程式の解である．(8.2) の 1 次独立な解を $f(x), g(x)$ とすれば

$$f(x+a) = Af(x) + Bg(x) \quad ②$$
$$g(x+a) = Cf(x) + Dg(x) \quad ③$$

と書ける．次に

$$f(x) = \alpha F(x) + \beta G(x) \quad ④$$
$$g(x) = \gamma F(x) + \delta G(x) \quad ⑤$$

で定義される $F(x), G(x)$ も方程式の解である点に注意する．②，③に④，⑤を代入すると次式が得られる．

$$\alpha F(x+a) + \beta G(x+a)$$
$$= (A\alpha + B\gamma)F(x) + (A\beta + B\delta)G(x) \quad ⑥$$
$$\gamma F(x+a) + \delta G(x+a)$$
$$= (C\alpha + D\gamma)F(x) + (C\beta + D\delta)G(x) \quad ⑦$$

$F(x+a) = \lambda F(x), G(x+a) = \lambda G(x)$ と仮定すると

$$\begin{vmatrix} A-\lambda & B \\ C & D-\lambda \end{vmatrix} = 0 \quad ⑧$$

と書け（演習問題 1），⑧が満たされると題意の通りになる．

(8.2) は 2 階の微分方程式であるから 1 次独立な解が 2 個存在する．

$\begin{vmatrix} \alpha & \beta \\ \gamma & \delta \end{vmatrix} \neq 0$

とする．

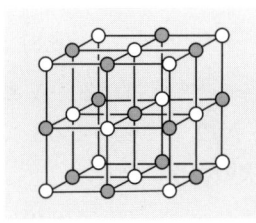

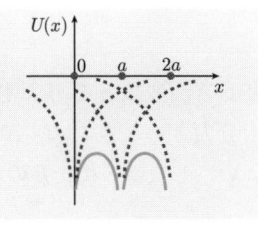

図 8.1 食塩の結晶   図 8.2 1 次元の体系

8.2 ブロッホの定理

周期的境界条件　前節の例題 1 で論じた λ を決めるため，周期的境界条件を用いる．いまの 1 次元の問題では，N 個の格子点を図 8.3 のようにリング状に並べればよい．格子点 1 を原点にとり，円周に沿って x を測ることにすれば，x と $x + Na$ とは同じ点を表すので

$$\psi(x + Na) = \psi(x) \tag{8.3}$$

が成り立つ．例題 1 で述べたように，$\psi(x)$ に対し

$$\psi(x + a) = \lambda \psi(x) \tag{8.4}$$

と仮定できるが，(8.4) を繰り返し使えば $\psi(x + Na) = \lambda^N \psi(x)$ が成り立ち (8.3) と比較して

$$\lambda^N = 1 \tag{8.5}$$

が得られる．すなわち，λ は 1 の N 乗根である．

波数　λ は複素平面上で原点を中心とする半径 1 の円（単位円）を N 等分した点で与えられる（図 8.4）．すなわち

$$\lambda = e^{2\pi i l / N} \tag{8.6}$$

と書け，l は

$$l = -\frac{N}{2} + 1, \cdots, 0, 1, 2, \cdots, \frac{N}{2} \quad (N：偶数) \tag{8.7a}$$

$$l = -\frac{N-1}{2}, \cdots, 0, 1, 2, \cdots, \frac{N-1}{2} \quad (N：奇数) \tag{8.7b}$$

と表される．図 8.4 で (a) は N が偶数，(b) は N が奇数のときを示す．(8.6) で

$$k = \frac{2\pi l}{Na} \tag{8.8}$$

とおき，波数 k を導入すれば $\lambda = e^{ika}$ と書ける．N が十分大きいとき l は $-N/2$ から $N/2$ まで変わるとしてよい．したがって，k の変域は次のようになる．

$$-\frac{\pi}{a} \leq k \leq \frac{\pi}{a} \tag{8.9}$$

上の変域を**第一ブリユアン域**という．

$\psi(x + 2a) = \lambda \psi(x+a) = \lambda^2 \psi(x)$ と書け同様な方法を使えば $\psi(x + Na) = \lambda^N \psi(x)$ となる．

l の値が (8.7) のように与えられることは図 8.4 からわかる．k を**結晶波数**という．

一般のブリユアン域については p.96 に述べる．

8.2 ブロッホの定理

例題 2 1 次元の周期場中の波動関数を
$$\psi(x) = e^{ikx} u(x)$$
と書いたとき，$u(x+a) = u(x)$ が成り立つことを示せ．上記の結果を**ブロッホの定理**という．

> $u(x)$ は a の周期をもつ周期関数である．

解 (8.4) により $\psi(x+a) = \lambda \psi(x) = e^{ika} \psi(x)$ となる．したがって
$$\psi(x+a) = e^{ik(x+a)} u(x+a) = e^{ika} e^{ikx} u(x)$$
となって，$u(x+a) = u(x)$ が導かれる．

参考 **3 次元の場合** 3 次元的な結晶はある周期性をもつ．すなわち，すべての格子点がそっくりそのまま前の格子点と重なるような変位が可能で，その位置ベクトルを $\boldsymbol{R}$ と書く．格子点の作る周期場は $U(\boldsymbol{r}) = U(\boldsymbol{r}+\boldsymbol{R})$ という性質をもつ．3 次元的なブロッホの定理によると波動関数 $\psi(\boldsymbol{r})$ を
$$\psi(\boldsymbol{r}) = e^{i\boldsymbol{k}\cdot\boldsymbol{r}} u(\boldsymbol{r}) \qquad \text{⑨}$$
と表したとき，$u(\boldsymbol{r})$ は結晶と同じ周期性をもち
$$u(\boldsymbol{r}) = u(\boldsymbol{r}+\boldsymbol{R}) \qquad \text{⑩}$$
が成立する．$\boldsymbol{k}$ は自由電子の波数ベクトルに対応するものでこれを**結晶波数ベクトル**という．また，⑨のように書ける波動関数を**ブロッホ関数**という．

> 1 つの格子点を原点にとったとき，任意の格子点を記述する位置ベクトルを $\boldsymbol{R}$ と考えてよい．

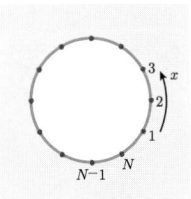

図 8.3 1 次元のリング

図 8.4 1 の N 乗根

=== **ブロッホと固体物理学** ===

ブロッホ（1905-1983）はスイス生まれアメリカの物理学者である．1927 年以降，量子力学の創始者の一人ハイゼンベルクに師事した．金属の電気伝導，強磁性体を量子的に研究し，固体物理学の基礎を設立した．1952 年パーセルとともにノーベル物理学賞を受賞した．

> アメリカではブロッホを英語流にブロックと発音する．

自由電子の場合　(8.2) で $U(x)=0$ の場合，すなわち自由電子のとき (8.2) の解は平面波 Ae^{ikx} で，E は

$$E = \frac{\hbar^2 k^2}{2m} \tag{8.10}$$

と表される．$\hbar k$ は体系の運動量という物理的な意味をもち運動の定数である．上述の平面波はブロッホ関数の特別な場合で $u(x)=$ 定数 $=A$ に相当している．自由電子では体系が無限に大きいとき k は $-\infty < k < \infty$ の連続変数で (8.10) は k の関数として放物線を記述する．

> 体系の長さを L とすれば，周期的境界条件から $k = 2\pi l/N$ と書け，$N \to \infty$ で $-\infty < k < \infty$ となる．

ブリユアン域　ブロッホ関数 $\psi(x) = e^{ikx} u(x)$ を

$$\begin{aligned}\psi(x) &= \exp\left[i\left(k + n\frac{2\pi}{a}\right)x\right] \exp\left(-in\frac{2\pi}{a}x\right) u(x) \\ &= \exp\left[i\left(k + n\frac{2\pi}{a}\right)x\right] v(x) \end{aligned} \tag{8.11}$$

と書く．ここで n は任意の整数である．(8.11) のように定義された $v(x)$ は $v(x+a) = v(x)$ を満たすので，結晶波数は k ととってもよいし $k+2\pi n/a$ であるとしてもよい．ちなみに $\hbar k$ は自由電子の運動量に相当するためこれを**結晶運動量**という．

> n は 0 および正負の整数であるが，簡単にこれらを整数という．

結晶波数には $2\pi/a$ の整数倍の任意性があるから，k 軸を $2\pi/a$ の幅の区間に区切り，エネルギー固有値は基本的な区間の周期関数として表現できる．以上の区間を一般に**ブリユアン域**といい，(8.9) のような区間が第一ブリユアン域である．その外側の $-2\pi/a \sim -\pi/a$ と $\pi/a \sim 2\pi/a$ を合わせて第二ブリユアン域といい，同様に第三，第四，…のブリユアン域が定義される．

> エネルギー固有値を $2\pi/a$ の周期関数とみなす立場を**拡張域の方法**という．3 次元の問題は次節で論じる．

どれかのブリユアン域にある波数は，それに $2\pi/a$ の整数倍を加えることにより，第一ブリユアン域に還元できる．結晶波数を第一ブリユアン域の中だけで表すことも可能で，これを**還元域の方法**という．拡張域の方法も還元域の方法も同じことを違った立場で扱うだけなので，場合に応じて便利な方法を使えばよい．

参考 **バンド構造** 1次元の周期場中を運動する固体電子の1つの特徴は，エネルギー固有値 E を還元域の中で考えたとき，それは $k = \pm\pi/a$ で不連続となる点である．還元域，拡張域で E を ka の関数として求めた一例を図 8.5 に示す．図からわかるように，還元域を考えたとき $k = \pm\pi/a$ でエネルギーの飛びが存在する．これを**エネルギーギャップ**という．自由電子ならエネルギーは連続的で，その様子は図 8.6 の左側のようになる．しかし，固体電子ではエネルギーギャップがあるため，エネルギーは図の右側のように帯状になる．これをエネルギーの**バンド構造**という．1つのバンドとその上のバンドとの間は禁止された量子状態を表すので，この部分を**禁止帯**という．還元域でエネルギーは k の多値関数となるが，状態を指定するため例えば図 8.6 のように，(1), (2), (3), … といった番号をつければよい．この種の番号を**バンド指標**という．

一部を除き図で太く描いた放物線は自由電子の場合を表す．

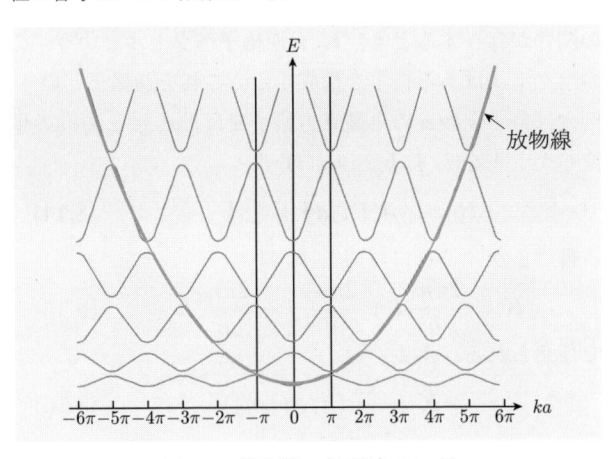

図 8.5 還元域，拡張域での E

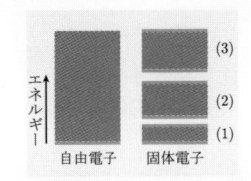

図 8.6 自由電子と固体電子

=== **ブリユアンとフィルター** ===

ブリユアン (1889-1969) はフランス生まれアメリカの物理学者で周期的な回路が電磁波に対しフィルターの役目を果たすという類推から，固体電子のバンド構造を見いだした．量子力学で有名な近似法の1つである WKB 法の B は彼の名前の頭文字に由来するものである．

8.3 格子と逆格子

ブラベ格子　空間中に基本的なベクトル b_1, b_2, b_3 があり（図 8.7），格子点の各点が

$$R = l_1 b_1 + l_2 b_2 + l_3 b_3 \tag{8.12a}$$

$$l_1, l_2, l_3 = 0, \pm 1, \pm 2, \cdots \tag{8.12b}$$

と書けるとき，この格子を**ブラベ格子**という．多くの格子はブラベ格子で記述される（例題 3）．

逆格子ベクトル　結晶の格子点を記述する位置ベクトル R に対し

$$K \cdot R = 2\pi l \quad (l = 0, \pm 1, \pm 2, \cdots) \tag{8.13}$$

の関係が存在するとき，K を**逆格子ベクトル**という．このベクトルはある格子を構成する．これを**逆格子**という．例えば格子定数 a の単純立方格子では，x, y, z 方向の単位ベクトルを i, j, k とすれば

$$R = l_1 a i + l_2 a j + l_3 a k \tag{8.14}$$

と書けるが，これに対応し K は

$$K = \frac{2\pi n_1}{a} i + \frac{2\pi n_2}{a} j + \frac{2\pi n_3}{a} k \tag{8.15}$$

で与えられる．あるいは

$$K = \frac{2\pi}{a}(n_1, n_2, n_3) \tag{8.16}$$

が成り立つので逆格子は格子定数 $2\pi/a$ の単純立方格子となる．1次元では逆格子は $2\pi/a$ の格子定数をもつ．

格子フーリエ級数　位置ベクトル r の関数 $U(r)$ が結晶と同じ周期性をもち

$$U(r + R) = U(r) \tag{8.17}$$

が成り立つとき，$U(r)$ は

$$U(r) = \sum_K U_K \exp(-i K \cdot r) \tag{8.18}$$

と展開される．これを**格子フーリエ級数**という．(8.13) を用いると (8.18) から (8.17) が導かれる．

---

b_1, b_2, b_3 が互いに直交するとは限らない．また，b_1, b_2, b_3 から作られる平行六面体（図 8.7）を**単位胞**という．ブラベ（1811-1863）はフランスの物理学者で X 線結晶解析の先駆者である．

l_i, n_i は 0 並びに正負の整数を表す．$K \cdot R / 2\pi = l_1 n_1 + l_2 n_2 + l_3 n_3$ は 0 あるいは正負の整数となる．

フーリエ（1768-1830）はフランスの数学者であるが，フーリエ級数，フーリエ積分などは広く物理の問題に利用されている．

8.3 格子と逆格子

例題 3 体心立方格子，面心立方格子はブラベ格子であることを示せ．

解 図 8.8 のように，x, y, z 軸に沿う長さ a のベクトルを $\boldsymbol{a}_1, \boldsymbol{a}_2, \boldsymbol{a}_3$ とする．体心立方格子では 1 辺の長さ a の立方体の中心に格子点が存在し，格子点の位置ベクトルは

$$\boldsymbol{R} = g_1 \boldsymbol{a}_1 + g_2 \boldsymbol{a}_2 + g_3 \boldsymbol{a}_3 \quad \text{⑪}$$

と書ける．g_1, g_2, g_3 はすべて整数か，半整数である．整数とは 0 と $\pm(\text{整数})$，半整数とは $\pm(\text{奇数})/2$ を意味する．例えば $g_1 = 3/2, g_2 = -5/2, g_3 = 1/2$ は可能な g の値である．$g_1 + g_2 = l_3, g_3 + g_1 = l_2, g_2 + g_3 = l_1$ とおけば l_1, l_2, l_3 は整数で

$$g_1 = \frac{l_2 + l_3 - l_1}{2}, \quad g_2 = \frac{l_3 + l_1 - l_2}{2}, \quad g_3 = \frac{l_1 + l_2 - l_3}{2}$$

と表される．これを⑪に代入し

$$\boldsymbol{b}_1 = \frac{-\boldsymbol{a}_1 + \boldsymbol{a}_2 + \boldsymbol{a}_3}{2}, \quad \boldsymbol{b}_2 = \frac{\boldsymbol{a}_1 - \boldsymbol{a}_2 + \boldsymbol{a}_3}{2},$$

$$\boldsymbol{b}_3 = \frac{\boldsymbol{a}_1 + \boldsymbol{a}_2 - \boldsymbol{a}_3}{2}$$

とすれば $\boldsymbol{R}$ は (8.12) のように書ける．面心立方格子では図 8.9 からわかるように，次のようにとればよい．

$$\boldsymbol{b}_1 = \frac{\boldsymbol{a}_2 + \boldsymbol{a}_3}{2}, \quad \boldsymbol{b}_2 = \frac{\boldsymbol{a}_1 + \boldsymbol{a}_3}{2}, \quad \boldsymbol{b}_3 = \frac{\boldsymbol{a}_1 + \boldsymbol{a}_2}{2}$$

参考 結晶波数ベクトルの同等性　3 次元のブロッホ関数を

$$\psi(\boldsymbol{r}) = e^{i\boldsymbol{k} \cdot \boldsymbol{r}} \exp(i\boldsymbol{K} \cdot \boldsymbol{r}) \exp(-i\boldsymbol{K} \cdot \boldsymbol{r}) u(\boldsymbol{r})$$
$$= e^{i\boldsymbol{k} \cdot \boldsymbol{r}} \exp(i\boldsymbol{K} \cdot \boldsymbol{r}) v(\boldsymbol{r})$$

とすれば，$v(\boldsymbol{r})$ は結晶と同じ周期性をもち，1 次元の (8.11) と同様，$\boldsymbol{k}$ と $\boldsymbol{k} + \boldsymbol{K}$ とは同等であることがわかる．

K, Na などのアルカリ金属，Fe, Co, Ni などの遷移金属は体心立方格子，Au, Ag, Cu の貴金属は面心立方格子を構成する．

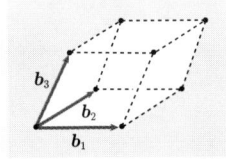

図 8.7　単位胞

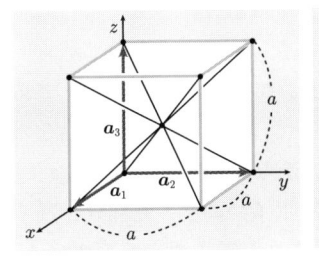

図 8.8　体心立方格子　　図 8.9　面心立方格子

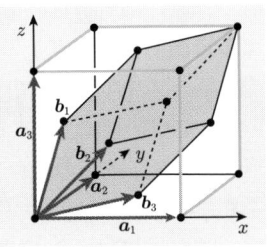

図 8.8 と図 8.9 とでは x, y 軸の選び方が違う点に注意せよ．

8.4 フェルミ分布

一粒子状態　固体電子は格子点の作る周期場の中を運動し, 電子間には相互作用が働く上, 格子点が平衡点からずれるとこれも電子の運動に影響を与える. しかし, 電子間のクーロン力などを平均的な場として近似すれば, 全体のハミルトニアンは個々の電子のハミルトニアンの和として表され, いわば多体問題は一体問題に帰着する. 最近の研究によると, このような一体問題でも固体の本質的な点を理解することができる. 1個の粒子に対する量子状態を一般に**一粒子状態**といい以後 r の記号でこれを表す. 電子は**スピン**という内部自由度の角運動量をもちその値は $\hbar/2$ か, $-\hbar/2$ である. 一粒子状態を決めるときスピンの状態を指定する必要がある.

> 多数の粒子から構成される体系の問題を**多体問題**という.

> スピンの状態を通常 σ で表す. $\sigma=1$ は $\hbar/2$ に相当しこれをスピンは上向きと称する. 同様に $\sigma=-1$ はスピン下向きの状態を記述する.

量子統計　r の一粒子状態のエネルギーを e_r とすれば全体のエネルギー E は

$$E = \sum_r e_r n_r \tag{8.19}$$

と表される. n_r は r 状態を占める粒子数（**占有数**）で ^{4}He のような**ボース統計**にしたがう**ボース粒子**では

$$n_r = 0, 1, 2, 3, \cdots \tag{8.20a}$$

と書ける. 一方, ^{3}He, 陽子, 電子のような**フェルミ統計**にしたがう**フェルミ粒子**では

$$n_r = 0, 1 \tag{8.20b}$$

と表される. 両者の統計を**量子統計**という.

> (8.20b) を**パウリの排他律**という.

フェルミ面　固体電子の場合, r を決めるのはバンド指標, 第一ブリユアン内の波数ベクトル $\boldsymbol{k}$ および σ である. 1つのバンドに注目すると, 基底状態では図 8.10 のように, エネルギーの低い方から ± のスピンをもった電子を順に詰めていけばよい. 電子の詰まった部分と電子の空の部分の境界は $\boldsymbol{k}$ 空間である種の曲面を形成する. これを**フェルミ面**という.

8.4 フェルミ分布

例題 4　自由電子のフェルミ面について論じよ．

解　自由電子のエネルギーは $\hbar^2 k^2/2m$ と表され，k 空間で原点を中心として球対称で k の増加関数となる．したがって，適当な波数 k_F が存在し，$k < k_F$ で $n_r = 1$，$k > k_F$ で $n_r = 0$ となる．すなわち，図 8.11 のようにフェルミ面は原点 O を中心とする半径 k_F の球面である．k_F を**フェルミ波数**という．

参考　フェルミ波数の計算法　自由電子の波動関数は平面波として表され，1 辺の長さ L の箱（体積 $V = L^3$）で周期的境界条件を導入すると波数空間中の微小体積 $d\boldsymbol{k}$ 中の状態数は

$$V d\boldsymbol{k}/(2\pi)^3 \qquad ⑫$$

と書ける．箱中に N 個の電子が存在するとすれば，上向き，下向きの 2 つのスピンの可能性を考慮し

$$N = \frac{2V}{(2\pi)^3} \int_{k < k_F} d\boldsymbol{k}$$

が得られる．上の積分は半径 k_F の球の体積に等しい．よって $N = V k_F^3/3\pi^2$ となり，k_F は次のように表される．

$$k_F = (3\pi^2 \rho)^{1/3}, \quad \rho = N/V \qquad ⑬$$

補足　フェルミエネルギー　フェルミ面上の電子のエネルギーを**フェルミエネルギー**といい，普通 E_F と書く．すなわち $E_F = \hbar^2 k_F^2/2m$ である．E_F を温度に換算し $E_F = k_B T_F$ で定義される T_F をフェルミ温度あるいは**縮退温度**という．一般に，有限温度におけるフェルミ粒子のエネルギー分布は**フェルミ分布**で記述されるが $T \ll T_F$ の場合，事実上 $T = 0$ とみなされる．通常，金属では T_F は数 10000 K の程度なので（演習問題 4），室温で電子は基底状態にあるとしてよい．

実際の金属のフェルミ面については次節で触れる．

⑫は第 2 章の演習問題 3（p.26）と同様な方法で導かれる．

ρ は単位体積当たりの電子数で数密度を表す．

k_B はボルツマン定数である［p.8 の (1.14) 参照］．

フェルミエネルギーは $E_F = \dfrac{\hbar^2}{2m}(3\pi^2\rho)^{2/3}$ と書け，$h \to 0$ で 0 となる．すなわち，フェルミエネルギーが有限なのは量子効果である．

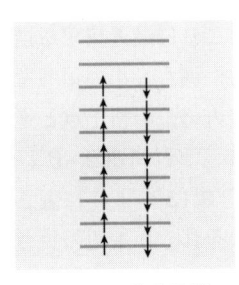

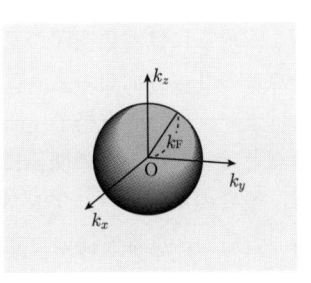

図 8.10　基底状態　　図 8.11　自由電子のフェルミ面

8.5 導体と絶縁体

1次元系の物性 物質に導体と絶縁体との区別が存在するという事情を理解するため，8.1節で扱った1次元系の物性を再考する．体系中の格子点の数を N としたが，電子には±の2つのスピンの可能性があるので，第一ブリユアン域は $2N$ の電子が収容できる．すなわち，2価の物質だと第一ブリユアン域は満杯となる．以上の点に注意し周期表の最初の物質 H, He, Li を考えると，基底状態における電子の収納状況は図 **8.12** のようになる．

導体と絶縁体 H では第一ブリユアン域内に電子の詰まっていない隙間があるため，結晶の長さに沿って電場をかけたとき，電子全体の分布の左右対称性が破れ結果として電流が流れる．すなわち，この場合，体系は導体の性質を示す．これに対し，He では第一ブリユアン域が全部電子に占有されているため，電子は身動きできず，体系は絶縁体の性質をもつ．Li の場合，下のバンドは電子が詰まっているが，上のバンドには空きがあるので導体の性質を示す．このバンドは価電子の状態に対応するのでそれを**価電子帯**という．原子が格子点を組むとき，内殻電子は原子に束縛されているため，その物性を扱うには価電子帯だけを考えれば十分である．

一般の第一ブリユアン域 波数空間でのベクトルでは，k と $k+K$ とは同等であるから，一般に第一ブリユアン域を求めるには波数空間の原点とこれに最近接する逆格子点との2等分面を考え，これらが囲む最小の領域をとればよい．体心立方格子，面心立方格子の格子点と逆格子点とは互いに表裏の関係にあり（演習問題 2, 3），前者，後者の第一ブリユアン域は図 **8.13** のように表される．ここで，点線で描いた立体はそれぞれ1辺の長さが $4\pi/a$ の立方体である．

> 原子中の電子には2種類あり内殻電子は化学結合に関与しない．化学結合に関与するのは外殻電子でこれを**価電子**という．

> 1次元のときと同様，3次元でも2価の物質だと第一ブリユアン域は満杯となる．

8.5 導体と絶縁体

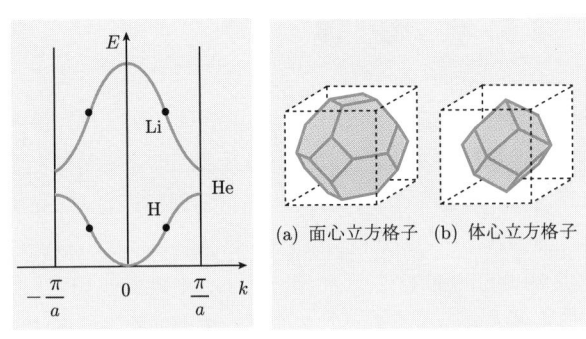

図 8.12 H, He, Li の場合　　図 8.13 第一ブリユアン域

補足 アルカリ金属のフェルミ面　アルカリ金属は体心立方格子を作るのでその第一ブリユアン域は図 8.13(b) で与えられる。これらの金属のフェルミ面，特に Na は自由電子のそれで記述されることが知られている．

参考 銅のフェルミ面　銅は面心立方格子を構成するためその第一ブリユアン域は図 8.13(a) で記述される．この立体に含まれる正 6 角形の中心を L とよび，その座標は $(\pi/a)(1,1,1)$ で与えられる（演習問題 6）．銅に限らず，一般に貴金属のフェルミ面は大体は球で表されるが，L の方向に伸び図 8.14 に示すように，第一ブリユアン域の境界に触れている．

図 **8.13(a)** の立体を truncated octahedron, 同 図 **(b)** を rhombic dodecahedron という．

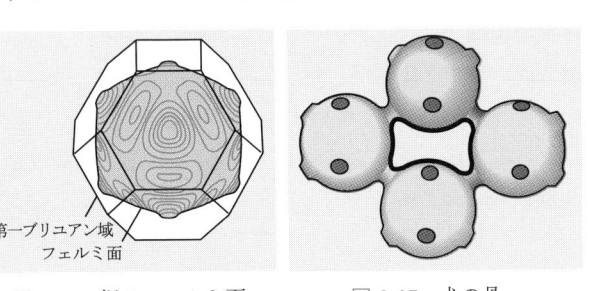

図 8.14 銅のフェルミ面　　図 8.15 犬の骨

======= 犬の骨 =======

1963 年の夏，物性夏の学校でフェルミ面の講義をしたことがある．当時銅のフェルミ面はホットなニュースで純度の高い資料を得るため科学博物館に陳列された自然銅を使ったという話もあった．フェルミ面を拡張域でみると図 8.15 のようになり，太い線の部分は犬の骨とよばれている．

犬の骨の命名の理由は**図 8.15** から明らかであろう．

8.6 半導体

真性半導体　ゲルマニウム (Ge) やシリコン (Si) は典型的な半導体である．特に，Si は酸素についで地球上では2番目に多い元素で，このため半導体材料として Si がよく使われている．集積回路 (IC) に利用される Si は高純度で 99.999999999% という値をもち，不純物を 10^{-11} という微量な割合で含む．このような高純度の半導体は絶対零度では絶縁体とみなされ，それを**真性半導体**という．

> 9 の数字が 11 も並ぶ純度を表すのにイレブン・ナインという言葉が使われる．

充満帯と伝導帯　真性半導体のバンド構造は図 8.16 の左のように表される．すなわち，絶対零度では**充満帯**にすべての電子が収容され，その上にエネルギー幅 Δ の禁止帯があって，さらに上方に伝導帯が存在する．温度が上がると，充満帯の電子は熱的な励起をうけ，図 8.16 の右のように禁止帯を飛び越えて伝導帯に入るようになる．充満帯には電子の抜けた穴（図の白丸）が残るが，これは正孔として振る舞う．伝導帯中の電子と充満帯中の正孔が真性半導体における電気のキャリヤーとなる．

> 体系に電場を加えたとき，充満帯中の穴は電子と逆向きに運動し，正の電荷をもつようになる．これを**正孔**という．

外来半導体　半導体の性質は不純物にきわめて敏感で，例えばホウ素（B，3価の元素）を Si に加えるとき，10^5 個の Si 原子に対し 1 個の B 原子の割合でホウ素を混ぜると，電気伝導率は 10^3 倍にもなる．このように不純物や格子欠陥などの外因的な要素により電気伝導が支配されるような半導体を**外来半導体**または**不純物半導体**という．Si は 4 価の元素であり 4 本の化学結合の手をもつとしてよい．Si 中にヒ素（As，5 価の元素）を混入すると，As 原子は本来 Si 原子のいるべきところを占め，5 個の価電子中 1 個は余り，この電子は結晶中を運動する．この種の半導体を **n 型半導体**という．逆に，B 原子を入れたときには電子が不足し，正孔が電気のキャリヤーとなる．このような半導体を **p 型半導体**という．

> As は電子の供給源 (donor) といい，スペルの中に n のあることから n 型が覚えられる．逆に B は電子の acceptor で p の字が覚えられる．

8.6 半導体

例題 5 室温程度の金属の場合，電子は基底状態にあるとしてよいのでキャリヤー数は温度変化しないとみなせる．温度が上がると，格子振動が激しくなり，電子もより強く散乱され電気伝導率は減少する．半導体ではキャリヤーの数が温度変化しこれが電気伝導率の温度変化の主な原因となる．その事情を定性的に考えよ．

解 温度が上がると，充満帯中の電子は熱励起のため，上方の伝導帯へと移る．このため，キャリヤー数は温度が上がると増え，電気伝導率も大きくなる．電子はフォノンと相互作用をもつが，それから生じる温度依存性はキャリヤー数の温度変化に比べ無視することができる．

参考 **外来半導体のバンド構造** n 型半導体では伝導帯のすぐ下に**ドナー準位**ができて，絶対零度では不純物原子に属する余計な電子はこの準位に収容される（図 8.17 の左側）．温度が上昇すると，ドナー準位にある電子は伝導帯に励起されこれが電気のキャリヤーとなる．一方，p 型の場合には，図 8.17 の右に示すように，充満帯のすぐ上に**アクセプター準位**ができる．電子が充満帯からアクセプター準位に励起されると，充満帯に正孔が残り，これが電気伝導に寄与する．

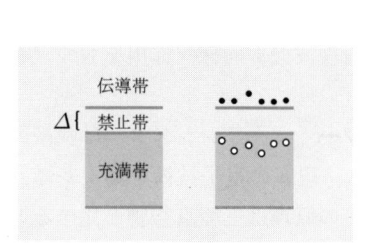

図 8.16 真性半導体

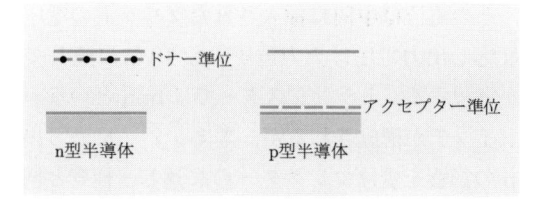

図 8.17 外来半導体

格子振動は量子力学の立場ではフォノンというボース粒子で記述される．

電子，正孔の質量が等しいとキャリヤー数は $\exp(-\Delta/2k_BT)$ という温度依存性をもつ．

8.7 電子技術

電子技術の進歩 電流を利用した器具は照明，冷暖房，通信，調理，洗濯，掃除，交通など各方面で使われている．電流は電子の流れであり，これらの器具は電子技術の応用とみなせよう．第二次世界大戦後，半導体技術の進展に伴い，電子技術は飛躍的に発展した．かつてラジオやテレビの主役であった真空管は，いまやトランジスターや集積回路にその座を譲っている．

pn 接合 半導体を電子技術に応用するための基本はp型とn型を組み合わせ，適当な機能をもたせることである．もっとも簡単な例としてpn接合を考える．半導体の一方側がp型で他方側がn型になっている素子を**pn 接合**という．p型領域では正孔，n型領域では電子が電気のキャリヤーとなる．pn接合の特徴は図 8.18 の右側の矢印が示すように，矢印の向きに電流は流れるが，その逆向きには電流は流れないという点である．このような作用を**整流作用**という．あるいはラジオの初期時代に活躍した鉱石検波機も同様な作用をもつ（右ページの補足参照）．

トランジスター トランジスターは戦後最大の発明の 1 つとよばれ，現在の電子技術を築く基礎となった．トランジスターの原理は三極真空管と比べるとわかりやすいと思えるので，その比較を図 8.19 に示す．三極管ではカソードから出た電子がプレートの電圧に引かれ運動するが，その電流は中間に挿入されたグリッドの電圧に敏感に反応し出力電圧は入力電圧の数 10 倍に達して**増幅作用**が実現する．トランジスターでは npn という一種のサンドイッチが構成されるが，エミッター E から出た電子が p の影響を受けコレクター C に達し三極管と同様の増幅作用が存在する．

エジソン（1847-1931）は 1879（明治 12）年白熱電球の実用化に成功した．1882（明治 15）年には東京電燈（東電の前身）が創立準備中に銀座でアーク灯を点灯させた．

トランジスターの語源は transfer resistor である．

図 8.19 の左側で B はベースとよばれる．トランジスターでは電子と正孔がキャリヤーとなる．pnp という組合せもある．

8.7 電子技術

[補足] **鉱石ラジオとトランジスター・ラジオ** 半導体が電子技術に応用されたのは鉱石ラジオが最初の例であろう．方鉛鉱，黄鉄鉱などは半導体であるが，これらの鉱石に金属針を接触させたものは pn 接合と同様な整流作用をもち，これを**鉱石検波機**という．真空管やスピーカーが発明される前の時代には，同調回路と鉱石検波機でラジオ放送を聞いていた．スピーカーの発明以前はレシーバーが使われていた．ラジオの電磁波は搬送波に音声をのせるが，音声をとりだすとき整流（検波）という過程が必要となる．第二次世界大戦中，米軍の爆撃で停電したとき自作の鉱石ラジオは情報の伝達に多いに役立った．1959 年に渡米したが，この頃になるとトランジスター・ラジオが開発され，中波と短波が聞けるラジオを持参した．

ラジオ放送は 1920 年にアメリカで始められ，日本でも 1925（大正 14）年に始められた．

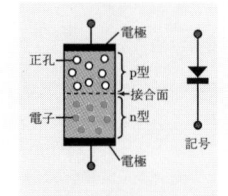

図 8.18 pn 接合

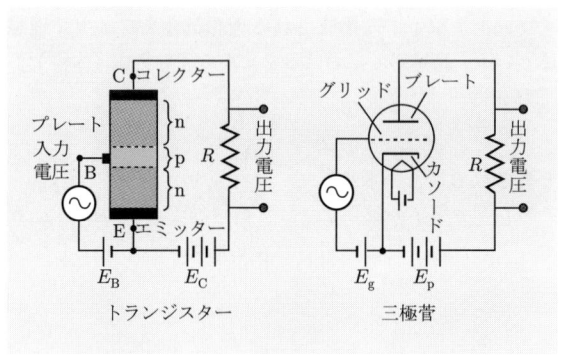

図 8.19 トランジスターと三極管

ナノテクノロジー

半導体分野での研究開発で発展してきた微細加工技術は nm という領域に達し，そのためこの技術はナノテクノロジー（略してナノテク）とよばれている．ワープロやパソコンと同様，ナノテクという言葉もそのうち日本語として定着するであろう．ナノテクはパソコン，携帯電話などの情報通信技術（IT = Information Technology）を支え，航空機，自動車，ロケットにも応用でき，さらにスポーツ用具，化粧品，次世代のディスプレーへの利用も検討されている．この他遺伝子診断チップの開発，エイズやガンの治療など，ナノテクの応用は止まるところを知らない勢いである．

国際単位系では 10 億分の 1 をナノという接頭語で表す．すなわち $1\mathrm{nm} = 10^{-9}$ m である．$1\mathrm{Å} = 0.1$ nm なのでボーア半径は 0.05 nm と表される．

演習問題 第8章

1. $\alpha, \beta, \gamma, \delta$ に対する⑥, ⑦の方程式（p.93）から⑧の関係を導け．

2. 格子定数 a の体心立方格子の逆格子を考えたとき，それは格子定数 $4\pi/a$ の面心立方格子であることを証明せよ．

3. 格子定数 a の面心立方格子の逆格子は，格子定数 $4\pi/a$ の体心立方格子であることを示せ．

4. 1モルの銀（108 g）は $10.3\,\mathrm{cm}^3$ の体積を占める．この事実を利用して銀中の自由電子に対するフェルミ波数，フェルミエネルギー，フェルミ温度を求めよ．

5. フェルミ粒子から構成される理想気体をフェルミ理想気体という．絶対零度におけるフェルミ理想気体（体積 V）の圧力 p は
$$p = \frac{2NE_\mathrm{F}}{5V}$$
と表されることを示せ．

6. 面心立方格子の第一ブリユアン域は図 8.13 の (a) の立体で与えられる．この図形中の6角形の中心を L として（下図参照），次の問に答えよ．
   (a) L の座標を求めよ．
   (b) 図の斜線で表した6角形は実際は正6角形であることを証明し，その1辺の長さを計算せよ．
   (c) 第一ブリユアン域の体積を求め，この領域はスピンを考慮しないとき，格子点1個につき1個の電子が収容できることを示せ．

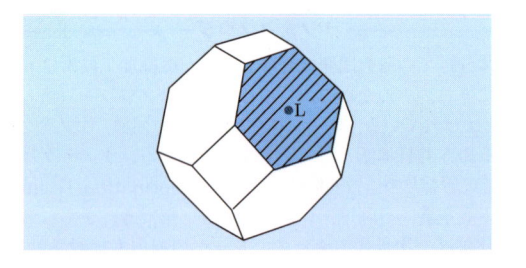

7. 電子技術を利用している身辺の器具に注目し，それについて論じよ．

第9章

原 子 核

　原子は，原子核のまわりを何個かの電子が回っているという構造をもつ．原子核を回る電子の個数を原子番号といい，原子の種類はこの番号で決まる．原子核自身も構造をもち原子番号に等しい陽子と何個かの中性子とから構成される．原子核には安定なものと不安定なものとがあり，後者の場合 α 崩壊，β 崩壊，γ 崩壊 という変換の方式に従い1つの原子核から他の種類の原子核に変わっていく．量子力学で学んだように，原子核は小さな領域に粒子が閉じ込められるため大きな核エネルギーをもつ．核エネルギーは諸刃の剣という側面をもち，軍事的には核爆弾という武器に使われたり，原子力発電の電気が民生に利用されたりする．本章では原子核について学んでいく．

本章の内容

9.1　原子核の発見と大きさ
9.2　陽子と中性子
9.3　質量欠損と結合エネルギー
9.4　放射性原子核
9.5　原子核の人工変換
9.6　核　分　裂
9.7　核　融　合

9.1 原子核の発見と大きさ

原子構造の模型　20世紀の初頭，原子の構造に関していろいろな模型が考案されていた．例えば，電子の発見者トムソンは正電荷が球状に分布し，その球の中心付近で何個かの電子が振動していると考えた．また，長岡半太郎 (1865-1950) は，正電荷の球を中心として，土星の輪のように電子が回っているという模型を提唱した．

ラザフォード散乱　イギリスの物理学者ラザフォード (1871-1937) は，1911年ガイガー，マースデンによって調べられた金属箔による α 線の散乱実験（図 9.1）を考察した．α 線はヘリウムの原子核の流れであるが，ラザフォードは図中の散乱角 ϕ と散乱された α 粒子の強度との関係から次のような結論に達した．

① 原子中で，正電荷は中心に集中していて，その近くを α 粒子が通過するとき，α 粒子は強いクーロン力を受ける．このクーロン力による α 粒子の散乱の様子を理論的に求めたのが図 9.2 である．この散乱をラザフォード散乱というが，実験結果は理論とよく一致する．

② 一般に，原子核はその大きさが $10^{-15} \sim 10^{-14}$ m の程度であって，正の電荷をもち，その値は電子の電荷の大きさ e（電気素量）と原子番号 Z との積に等しい．

α 粒子と原子核との間のクーロンポテンシャル　電荷 q の粒子と電荷 q' の粒子が距離 r だけ離れているとき，両者間の位置エネルギー U は次式で与えられる．

$$U = \frac{1}{4\pi\varepsilon_0} \frac{qq'}{r} \tag{9.1}$$

(9.1) を**クーロンポテンシャル**という．α 粒子と原子核の場合，両者間のクーロンポテンシャルは

$$U = \frac{Ze^2}{2\pi\varepsilon_0 r} \tag{9.2}$$

と書ける．

9.1 原子核の発見と大きさ

例題 1 ポロニウムから放出される α 粒子の運動エネルギーは 8.5×10^{-13} J である。この α 粒子が静止している原子番号 79 の金の原子核に接近するとき、α 粒子は核から何 m まで近づくことができるか。また、金の原子核は何 m より小さいと評価できるか。有効数字 2 桁で答えよ。

解 α 粒子に比べ金の原子核は重いので、α 粒子の散乱中金の原子核は静止しているとしてよい。このため、α 粒子の運動エネルギー K とクーロンポテンシャル U の和が一定という力学的エネルギー保存則 $K + U = $ 一定 が成り立つ。α 粒子が飛び出すとき $U = 0$、α 粒子が最接近するときには $K = 0$ が成り立ち $K = Ze^2/2\pi\varepsilon_0 r$ と書ける。これから r は

$$r = \frac{Ze^2}{2\pi\varepsilon_0 K} \qquad ①$$

となる。すべての物理量を国際単位系で表せば、答えも同じ単位系で求まる。こうして r は

$$r = \frac{79 \times 1.60^2 \times 10^{-38}}{2 \times \pi \times 8.85 \times 10^{-12} \times 8.5 \times 10^{-13}} \text{ m} = 4.3 \times 10^{-14} \text{ m}$$

と計算され、金の原子核の半径はこれより小さいと評価される。

ポロニウムは発見者キュリー夫人 (1867-1934) の生国ポーランドのラテン語名ポロニアにちなんで命名された。$^{210}_{84}\text{Po}$ という原子核は α 線源としてよく使われる。

$\varepsilon_0 = 8.85 \times 10^{-12} \frac{\text{C}^2}{\text{N} \cdot \text{m}^2}$, $e = 1.60 \times 10^{-19}$ C と表される。

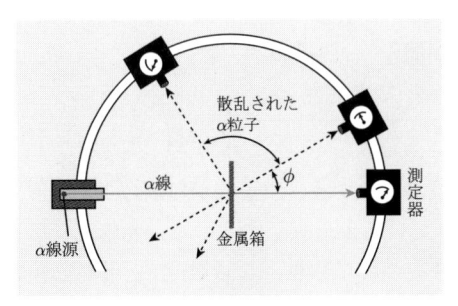

図 9.1 α 線の散乱実験

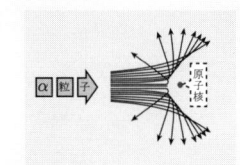

図 9.2 ラザフォード散乱

=== ラザフォード散乱と量子効果 ===

散乱角 ϕ と散乱強度との関係は現在ラザフォードの散乱公式とよばれる。ラザフォードの時代には量子力学は未完成で、彼は古典力学によりこの公式を導いた。実は量子力学を用いても同じ結果が求まり、いわばラザフォード散乱には量子効果はないのである。もし、散乱公式に量子効果があったなら、現代物理学の発展にも少なからず影響したと思われる。

クーロン力は遠くに及び結果的にド・ブロイ波の波長は 0 となり α 粒子は波でなく粒子として記述される。

9.2 陽子と中性子

原子核の構造　電気的に中性な原子では全体的に電気をもたないから，原子核のもつ正の電気と核外の電子のもつ負の電気とは互いに中和するはずである．これから原子核は原子番号に等しいだけの陽子を含むことがわかる．原子番号を Z，陽子の質量を M_{p} とし，もし原子核がすべて陽子から成り立つとすればその質量は ZM_{p} に等しくなる．しかし，実際の質量は同程度だけ大きく，原子核は陽子だけでなく，ほぼ同数，同質量の電気をもたない（中性な）粒子とから構成されることがわかる．この粒子を**中性子**という．このように原子核は陽子と中性子からできているが，これらをまとめて**核子**という．中性子は陽子より少し重く，中性子の質量を M_{n} とすれば

$$M_{\mathrm{p}} = 1.6726 \times 10^{-27} \,\mathrm{kg} \tag{9.3}$$

$$M_{\mathrm{n}} = 1.6749 \times 10^{-27} \,\mathrm{kg} \tag{9.4}$$

である．陽子の質量は電子の約 1840 倍である．

原子核の標記　陽子の数（原子番号に等しい）を Z，中性子の数を N としたとき

$$Z + N = A \tag{9.5}$$

の A を**質量数**という．原子核が何個の陽子と何個の中性子でできているかを表示するのに，元素記号に質量数と原子番号をつけて表す．質量数 A を元素記号の左上または右上に，原子番号を左下または右下につける．すなわち，元素記号を X として $^{A}_{Z}\mathrm{X}$ と書く．$_{Z}\mathrm{X}^{A}$，X^{A}_{Z} のように書くこともあるが，現在では A, Z をそれぞれ左上，左下に書く方式に統一されている．電子の場合には，$Z = -1, A = 0$ としてよい．例えば，水素の原子核（陽子）は $^{1}_{1}\mathrm{H}$，酸素の原子核は $^{16}_{8}\mathrm{O}$ と書ける．電子は $^{0}_{-1}\mathrm{e}$ と表されるが，これを e^{-} と表すのが普通である．$-$ をつけるのは正の電荷の陽電子と区別するためである．

9.2 陽子と中性子

例題 2 原子核は非常に小さいが有限な大きさをもち，その半径 r は大体 $A^{1/3}$ に比例する．原子核の大きさは α 粒子または中性子などを原子核に当て，その散乱の様子を調べることにより測定される．詳しい実験によると，原子核はほぼ球形で，r は

$$r = r_0 A^{1/3}, \quad r_0 = 1.21 \times 10^{-15} \text{ m} \quad ②$$

と表される．次の問に答えよ．
(a) ②からどのようなことがわかるか．
(b) $^{141}_{56}$Ba の原子核の半径を求めよ．

解 (a) 原子核の体積は $(4\pi/3)r^3 = (4\pi/3)r_0^3 A$ となる．これから，原子核の密度はどの核でもほぼ一定で，核子 1 個の占める体積は半径 r_0 の球の体積に等しいことがわかる．
(b) $r = 1.21 \times 10^{-15} \times (141)^{1/3}$ m $= 6.30 \times 10^{-15}$ m となる．

10^{-15} m を fm と書くことがある．フェムト(f＝femto)は 10^{-15} を意味する接頭語である．

参考 **同位核と同重核** 原子核内の陽子の数は等しいが，中性子の数が異なっている核を**同位核**という．同位核からできている原子を**同位体**（アイソトープ）または**同位元素**という．例えば，水素 $^1_1$H，重水素 $^2_1$H，3 重水素 $^3_1$H は同位体である．重水素をデューテリウム（記号 D），3 重水素をトリチウム（記号 T）という場合もある．同位体の場合，質量数は異なるが，原子番号 Z は等しいため核外電子の配置は同じで，化学的性質も同じである．質量数 A が等しくて，原子番号 Z の異なる核を**同重核**（アイソバー）という．例えば，3 重水素核 $^3_1$H，ヘリウム 3 核 $^3_2$He は同重核である．

原子核の種類を**核種**という．核種は A, Z で記述される．現在約 2000 種類の核種の存在することが知られている．

=== **ヘリウム 4 とヘリウム 3** ===

ヘリウム 4 $^4_2$He とヘリウム 3 $^3_2$He の原子は互いに同位体の関係にある．天然のヘリウムはそのほとんどがヘリウム 4 であり，ヘリウム 3 は原子炉中での反応によって作られる，いわば人工的な原子である．陽子，中性子，電子は第 10 章で学ぶが，いずれも素粒子でフェルミ粒子である．これらが偶数個集まった原子はボース統計，奇数個集まった原子はフェルミ統計にしたがう．ヘリウム 4 でもヘリウム 3 でも核外電子は 2 個であるから前者の原子はボース粒子，後者はボース粒子となる．液体ヘリウム 4 は 2K 付近で超流動現象を示すが，この温度領域でヘリウム 3 は超流動にならず，その原因は量子統計の違いであると考えられている．

天然のヘリウムの 1.3×10^{-4} ％ がヘリウム 3 である．

ボース粒子を**ボソン**，フェルミ粒子を**フェルミオン**ともいう．

ボソンだと 1 つの量子状態がすべての原子を収納でき超流動が起こる．

原子質量単位（記号 amu）　質量数 12 の炭素 $^{12}_{6}\text{C}$ の中性原子の質量を 12 原子質量単位であると定めた質量を**原子質量単位**（atomic mass unit）という．ある原子の原子量とは，天然に得られるその元素の平均的な原子の質量を原子質量単位で表したものである．モル分子数を 6.022×10^{23} ととると，1 モルの炭素 $^{12}_{6}\text{C}$ の質量は 12 g であるから，炭素原子 1 個の質量は

$$\frac{12}{6.022 \times 10^{23}} \text{g}$$

と書ける．この 1/12 が原子質量単位であるから

$$1\,\text{amu} = \frac{1}{6.022 \times 10^{23}}\,\text{g} = 1.66 \times 10^{-27}\,\text{kg}$$

が得られる．より正確には次のように表される．

$$1\,\text{amu} = 1.66053873(13) \times 10^{-27}\,\text{kg} \qquad (9.6)$$

炭素には 2 つの同位体 $^{12}_{6}\text{C}$, $^{13}_{6}\text{C}$ がある．天然の炭素中，前者は 98.93％（質量 12 amu），後者は 1.07％（質量 13.00335 amu）だけ含まれる．このため，天然の炭素の原子量は両者の平均をとり

$$\frac{12 \times 98.93 + 13.00335 \times 1.07}{100} = 12.011$$

と計算される．

同位体の存在比　天然に存在する同位体は，地球上ではほぼ一定の割合で存在している．この混じっている割合を％で表現してものは**存在比**とよばれる．上で述べた炭素の同位体の比率は存在比の一例である．同位体の存在比の他の例として H, U の場合を表 9.1 に示そう．H では前ページで述べたように，水素，重水素，3 重水素の同位体がある．

> amu は国際単位系ではないが，それとの併用が認められている．

> (9.6) は阿部・川村・佐々田著「物理学[新訂版]」（サイエンス社，2002）の付録から引用した．なお amu を単に u と書くこともある．

> ^{235}U は核燃料として利用できるが天然のウラン鉱中石のわずか 0.7 ％が核燃料となる．

表 9.1　同位体の存在比

元素	質量数	存在比	元素	質量数	存在比
	1	99.985		234	0.0055
H	2	0.015	U	235	0.7200
	3	0.000		238	99.2745

9.2 陽子と中性子

例題3 天然の銅の原子量は 63.55 である．天然の銅は 2 種の同位体 $^{63}_{29}\mathrm{Cu}$（質量 62.93 amu）と $^{65}_{29}\mathrm{Cu}$（質量 64.93）の混合物である．同位体の存在比を求めよ．

解 $^{63}\mathrm{Cu}$ の存在比を $x\%$ とすれば $^{65}\mathrm{Cu}$ の存在比は $(100-x)\%$ と表される．したがって

$$62.93 \times \frac{x}{100} + 64.93 \times \frac{100-x}{100} = 63.55$$

となり，これから x は

$$x = \frac{6493 - 6355}{64.93 - 62.93} = 69$$

と計算される．すなわち，$^{63}\mathrm{Cu}$ の存在比は 69 %，$^{65}\mathrm{Cu}$ の存在比は 31 %である．

原子核を標記するとき左下の Z を省略することがある．

補足 原子の大きさと原子核の大きさ　仮に水素原子を 2×10^{12} 倍に拡大したとすれば，ボーア半径は $1\text{Å} \times 10^{12} = 100\,\mathrm{m}$ となる．一方，陽子，α 粒子の半径はそれぞれ 2.4 mm, 3.8 mm と拡大される．すなわち，原子の中の空間はほとんど真空で，隙間だらけの原子が集まり，物質を作っているといえる．原子核に α 粒子を当てるのは，いわば校庭にある真珠の玉に同じような玉をぶつけるようなものである．物質は見ただけではぎっしり充実しているように思えるが，実際は案外すけすけの状態であることに注意しておく必要がある．

② (p.113) で $A=1,4$ とおけば，陽子，α 粒子の半径はそれぞれ $1.21 \times 10^{-15}\,\mathrm{m}$ $1.92 \times 10^{-15}\,\mathrm{m}$ と計算される．

=== **中性子星** ===

物質を圧縮し原子内の隙間をつぶして，原子核がぎっしり詰まっているような状態を実現すれば，その物質の体積は非常に小さくなろう．こんな状態で地球は直径 300 m 位の球になるといわれている．また，1 cm^3 当たりの質量が 3 億トンという高密度に達する．このような高密度の物質は地球上では実現されないが中性子星はその状態であると考えられている．中性子星では物質があまりにも高密度であるため，核外電子は原子核の中に入ってしまい，陽子は電子の電荷で中和される．その結果，すべての核子が中性子になる．星の進化の最終段階で爆発が起こり，これを超新星爆発という．その後に残るのが中性子星であろうと考えられている．超新星爆発に際して大量のニュートリノが発生し，それが地球上で観測された例もある．これについては第 10 章で述べる．

かに星雲にパルス電波を出す星（パルサー）が存在する．それが中性子星であるといわれている．

9.3 質量欠損と結合エネルギー

質量欠損　原子核の質量は構成核子の質量の和よりも小さい．この差を**質量欠損**という．陽子数を Z，質量数 A の質量を M，陽子及び中性子が単独で存在するときの質量をそれぞれ $M_\mathrm{p}, M_\mathrm{n}$ とすると，質量欠損 Δm は

$$\Delta m = Z M_\mathrm{p} + (A-Z) M_\mathrm{n} - M \qquad (9.7)$$

と書ける．例えば，重水素の場合，水素原子の質量は $M_\mathrm{H} = 1.00783\,\mathrm{amu}$，中性子のは $M_\mathrm{n} = 1.00866\,\mathrm{amu}$，重水素原子のは $M_\mathrm{D} = 2.01410\,\mathrm{amu}$ と測定されているので，質量欠損は次のように計算される．

$$\Delta m = M_\mathrm{H} + M_\mathrm{n} - M_\mathrm{D} = 0.00239\,\mathrm{amu}$$

> 実際は陽子，重水素原子核の質量をとらねばならない．しかし，電子の質量は $M_\mathrm{H} - M_\mathrm{D}$ で打ち消し合うので原子の質量をとってもよい．

結合エネルギー　核子の間には力が働きこれを**核力**という．核力の起源については第10章で論じるが，原子核を核力に抗して陽子と中性子とにばらばらにするためには仕事をしなければならない．すなわち，外部からある量のエネルギーを加える必要がある（図 **9.3**）．これを原子核の**結合エネルギー**という．相対性理論によると質量とエネルギーとは等価であるから，原子核の結合エネルギー E は質量欠損 Δm により次のように表される．

$$E = \Delta m \cdot c^2 \qquad (9.8)$$

1 amu は元来質量を表す単位であるが，これをエネルギーで表すと便利である．例題4で示すように

$$1\,\mathrm{amu} = 931.5\,\mathrm{MeV} \qquad (9.9)$$

の関係が成り立つ．

> 正確には $1\,\mathrm{amu} = 931.494\,\mathrm{MeV}$ となる．

比結合エネルギー　原子核の結合エネルギーを質量数で割ると，核子1個当たりの平均的な結合エネルギーとなる．これを**比結合エネルギー**という．図 **9.4** に比結合エネルギーと質量数との関係を示す．質量数60あたりで比結合エネルギーが最大となるが，これは核エネルギーの解放に関し重要な意味をもつ（右ページの参考）．

9.3 質量欠損と結合エネルギー

例題 4 1 amu はほぼ 931.5 MeV に等しいことを示せ.

解 (9.6)（p.114）により 1 amu = 1.66054×10^{-27} kg が成り立つ. 一方, 真空中の光速 c は有効数字 6 桁で $c = 2.99792 \times 10^8$ m/s と書けるので次式が得られる.

$$1\,\text{amu} = 1.66054 \times 10^{-27} \times (2.99792)^2 \times 10^{16}\,\text{J}$$
$$= 1.492414 \times 10^{-10}\,\text{J} = 931.5\,\text{MeV}$$

1 MeV = 1.6022×10^{-13} J である.

参考 **核エネルギーの解放** 図 9.4 をみると, 比結合エネルギーは質量 60 の近辺の核で最大値約 9 MeV になり, それより質量数は大きくなっても小さくなっても減少していく. したがって, 重い核から中くらいの核へ, あるいは軽い核から中くらいの核へ変化する反応があれば, 結合エネルギーが余るのでその分だけ外部にエネルギーが放出される. 前者は重い核が分裂する場合でこれを**核分裂**, 後者は軽い核が融合する場合でこれを**核融合**という.

核分裂, 核融合の詳しい話は 9.6 節, 9.7 節で学ぶ.

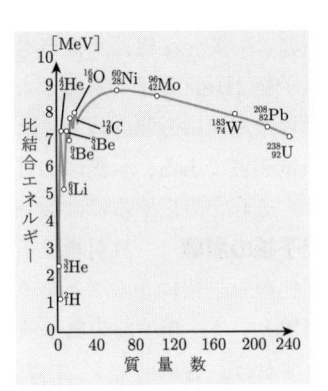

図 9.3 結合エネルギー

図 9.4 比結合エネルギー

=== **広い意味での結合エネルギー** ===

物理的な体系が状態 A と状態 B をとるとき, A が安定であれば A を B にするためには外部からエネルギーを加える必要がある. A を原子核の状態, B を核子がばらばらの状態とすれば上のエネルギーは結合エネルギーを表す. A を分子の状態, B をその分子を構成する原子がばらばらという場合にも結合エネルギーという用語を使う. 原子内の電子をはがし, その原子をイオンにするためのエネルギー（電離エネルギー）や水を蒸気にする熱量（気化熱）も一種の結合エネルギーで, 用語や体系が違っていても結合エネルギーは物理全般に通じる概念である.

分子を原子にするためのエネルギーを解離エネルギーともいう.

9.4 放射性原子核

放射能　原子核にはいつまでも変わらない安定な原子核もあるが，放射線を出して自然に他の原子核に変わってしまう不安定なものもある．放射線を出すような元素を**放射性元素**，その原子核を**放射性原子核**，また放射線を出す性質を**放射能**という．天然にある元素で放射能をもつものを**自然放射性元素**という．一方，天然には存在しないが，原子炉中などで人工的に作られる放射性元素を**人工放射性元素**という．

$^{210}_{84}$Po, $^{226}_{86}$Ra などは自然放射性元素，$^{35}_{15}$P, $^{60}_{27}$Co などは人工放射性元素である．

放射線の種類　放射性原子核から放出される放射線には α 線，β 線，γ 線の3種類がある．α 線や β 線に磁場や電場を作用させその運動状態の変化を調べることにより，構成粒子の質量と電荷が測定できる．このような方法によって，α 線，β 線の本体はそれぞれヘリウム4の原子核 $^4_2$He，電子であることがわかった．また，γ 線は磁場や電場に影響されず，光や X 線よりもっと波長の短い電磁波である．γ 線は物質を貫通する能力が非常に高く，それを阻止するには数 cm の鉛板が必要となる．

γ 線の振動数が非常に大きいので，その光子のエネルギー $h\nu$ も大きい．

原子核の崩壊　放射性原子が α 線，β 線，γ 線を出して他の原子核になることをそれぞれ **α 崩壊**，**β 崩壊**，**γ 崩壊**という．崩壊前の原子核の陽子数を Z，質量数を A とすれば，各崩壊で Z, A は

$$(Z, A) \to (Z-2, A-4) \quad (\alpha 崩壊) \quad (9.10)$$

$$(Z, A) \to (Z+1, A) \quad (\beta 崩壊) \quad (9.11)$$

$$(Z, A) \to (Z, A) \quad (\gamma 崩壊) \quad (9.12)$$

のように変化する．β 崩壊では，核内の中性子が陽子に変わり，そのとき電子が放出される．この場合，同時に中性で質量がほとんど0の粒子が飛び出さないとエネルギー保存則が成り立たない（例題5）．この粒子を**ニュートリノ**といい，ふつう ν で表す．

ニュートリノを日本語では中性微子という．

9.4 放射性原子核

例題 5 静止している原子核 A（質量 M_A）が β 崩壊して原子核 B（質量 M_B）と電子（質量 m）に変換したとする．各粒子の速さ v は光速 c より小さく，そのエネルギー E は静止エネルギーを E_0 とし $E = E_0 + (1/2)Mv^2$ と表されるとする．以上の前提で電子の運動エネルギー K を求めよ．図 9.5 は K の測定結果を表したものである．$E_{\max}$ は上の議論から予想される K の値を表す．この測定から β 崩壊で放出される電子の運動エネルギーはある種の統計分布を示し，0 と $E_{\max}$ の間の任意の値をとることがわかる．その事実は何を意味しているか．

粒子の質量を M とすれば静止エネルギーは $E_0 = Mc^2$ で与えられる．

解 崩壊後の原子核 B の速度を $\boldsymbol{V}_B$，電子の速度を $\boldsymbol{v}$ とすれば全運動量が保存されるし，崩壊前の運動量は 0 であるから

$$M_B \boldsymbol{V}_B + m\boldsymbol{v} = 0 \quad ③$$

となる（図 9.6）．崩壊前後のエネルギー保存則により

$$M_A c^2 = M_B c^2 + \frac{M_B}{2} V_B^2 + mc^2 + \frac{m}{2} v^2 \quad ④$$

が成り立つ．③から得られる $\boldsymbol{V}_B = -m\boldsymbol{v}/M_B$ を④に代入し，電子の運動エネルギーが $K = mv^2/2$ であることに注意すると，次のようになる．

$$K = \frac{M_B \Delta M}{M_B + m} c^2, \quad \Delta M = M_A - M_B - m \quad ⑤$$

⑤の K が図 9.5 の $E_{\max}$ に相当する．上の議論通りなら飛び出る電子の運動エネルギーは確定値をもつはずである．しかし，現実の測定結果は K が 0 と $E_{\max}$ との間の任意の値をとるので，ニュートリノを導入しこれがエネルギーを運ぶとすればよい．

ニュートリノはエネルギー，運動量，角運動量を運ぶとする．ニュートリノを導入したのはパウリである（p.121 のコラム）．

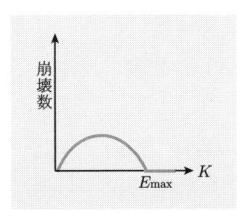

図 9.5 K の測定結果   図 9.6 運動量の保存

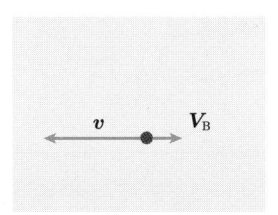

半減期　放射性原子核が崩壊して他の原子核になるとき，時刻 t で現存する未崩壊の原子核の数を N とすれば

$$\frac{dN}{dt} = -kN \tag{9.13}$$

が成り立つ．上式で k は原子核の種類だけによって決まる定数で，これを**崩壊定数**という．$t=0$ における N の値を N_0 とすれば，(9.13) を解き

$$N = N_0 e^{-kt} \tag{9.14}$$

となり，N は t の関数として指数関数的に減少していく．N が N_0 の半分になるまでの時間を**半減期**という．半減期を T とすれば（図 **9.7**），(9.14) から

$$\frac{1}{2} = e^{-kT} \tag{9.15}$$

となり，この自然対数をとって次の関係が得られる．

$$kT = \ln 2 \tag{9.16}$$

放射能の強さ　(9.13) で

$$I = kN \tag{9.17}$$

とおき，これを**放射能の強さ**または**放射能の強度**という．すなわち，放射能の強さとは単位時間当たりの崩壊数である．1 秒間に 3.7×10^{10} 個の割合で原子核が崩壊するときを放射能の強さの単位として使い，これを 1 キュリー (Ci) という．1 g のラジウムがもつ放射能の強さがちょうど 1 キュリーに等しい．

放射線の検出　放射線の検出によく使われるのはガイガー-ミュラー・カウンター (**GM 計数管**) である（図 **9.8**）．金属の円筒とこの中心軸に沿って張った細い導線とを両極とし，その間を高電圧に保つ．管内には低圧のアルゴンなどが封入されていて，放射線の粒子が飛び込むと，一瞬間だけ電流が流れるので，これを計数装置で測定する．それ以外，写真乾板を使ったり，霧箱，泡箱を利用したりする．素粒子の検出とも関係があるので第 10 章を参照せよ．

崩壊定数の単位は s^{-1} でこれを Bq（ベクレル）という．

T の値は原子核の種類によって大幅に違い，10^{-7} s 程度の非常に短いものもあれば，10^{10} 年程度の非常に長いものもある．

ガイガー (1882-1945)，ミュラー (1905-1979) はドイツの物理学者である．

9.4 放射性原子核

例題 6 半減期が約 15 日の放射性原子 $^{225}_{88}\text{Ra}$ が 24 g ある.
(a) 45 日後には何 g となるか.
(b) 40 日後には, 始めの何%となるか.

ただし, $\log 2 = 0.3010$, $\log 1.574 = 0.1970$ を用いて計算せよ.

解 (a) 質量は原子核の数に比例するので 45 日後の質量を m とすれば, m は次のように計算される.

$$m = 24 \left(\frac{1}{2}\right)^{45/15} \text{g} = 3 \text{g}$$

(b) 脚注の式の常用対数をとると

$$\log\left(\frac{m}{m_0}\right) = -\frac{40}{15}\log 2 = -0.803 = \bar{1}.197$$

と書け, $m/m_0 = 0.157$ となる. すなわち, 答えは 16% である.

(9.14) は
$N = N_0 \left(\frac{1}{2}\right)^{t/T}$
と表される.

参考 放射能の応用 放射線は, X 線と同様, 細胞を破壊したり, 遺伝子を変化させるなどの作用があるので, 殺菌, ガンの治療, 作物の品種改良などに利用される. この他, 金属材料の内部調査, 年代測定などに応用される. 反面, 放射能は人体に有毒であり, 安全性には十分な注意を払う必要がある.

1986 年に起こった, 旧ソ連のチェルノブイリの原発事故と関連し, 放射能汚染という言葉は通常の日本語になった感じである.

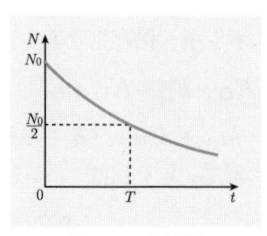

図 9.7 半減期

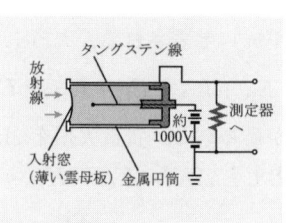

図 9.8 ガイガー-ミュラー・カウンター

=== パウリとニュートリノ ===

パウリ (1900-1958) はスイスの物理学者で, 1930 年, 友人への書簡の中でニュートリノの存在を示唆している. スピンまで考慮すると 1 つの量子状態には高々 1 個しかフェルミオンは入れない. ボソンに比べフェルミオンははるかに意地悪である. 彼が実験室に入ってくると装置が故障したという伝説がある. 意地悪な原理を発見した人だけのことはある.

パウリは 1945 年ノーベル物理学賞を受賞している.

9.5 原子核の人工変換

核反応　原子核に α 線, 陽子, 中性子などを当てると, 他の種類の原子核に変わることがある. このような原子核の変換を**核反応**という. 反応前後の核をそれぞれ X および Y で表し

$$^{A_1}_{Z_1}\text{X} + ^{A_2}_{Z_2}\text{X} = ^{A_3}_{Z_3}\text{Y} + ^{A_4}_{Z_4}\text{Y} \tag{9.18}$$

という型の核反応を考える. (9.18) を**核反応式**という. 陽子数, 核子数の総和は保存されるので次式が成り立つ.

$$Z_1 + Z_2 = Z_3 + Z_4 \tag{9.19}$$

$$A_1 + A_2 = A_3 + A_4 \tag{9.20}$$

> 核反応では核子が新たに生成, 消滅するわけでないので反応の前後で核子の総和は一定に保たれる.

> 反応式に陰電子, 陽電子が含まれるときにはそれぞれ $(Z=-1, A=0)$, $(Z=1, A=0)$ とする. また中性子では $Z=0, A=1$ ととる.

エネルギー保存則　核反応に際して質量の一部がエネルギーに変わったりするので, 相対論的な表式を使わねばならない. 核反応が $A + B \to C + D$ の形をとるとして, 各粒子の速さは光速より小さいとする. その結果, 例題 5 (p.119) と同様, 例えば原子核 A のエネルギーは $E_A + K_A$ (E_A: 静止エネルギー, K_A: 運動エネルギー) と表される. こうしてエネルギー保存則から

$$E_A + K_A + E_B + K_B = E_C + K_C + E_D + K_D \tag{9.21}$$

が得られる. 質量欠損を $\Delta m = M_A + M_B - M_C - M_D$ とし, $\Delta K = K_C + K_D - K_A - K_B$ とすれば

$$\Delta K = \Delta m \cdot c^2 \tag{9.22}$$

と書ける. すなわち, 静止エネルギーの減少分が運動エネルギーの増加分に等しい. 反応エネルギーを普通 ΔE と書くが, これを含めたときの反応式を $A + B \to C + D + \Delta E$ と表す. これは核反応により ΔE だけのエネルギーが解放されたことを意味する.

> (9.21) を導くとき反応の前後で外部からエネルギーの供給はないとする.

運動量保存則　核反応の前後で運動量が保存され

$$M_A \boldsymbol{v}_A + M_B \boldsymbol{v}_B = M_C \boldsymbol{v}_C + M_D \boldsymbol{v}_D \tag{9.23}$$

の関係が成り立つ (図 **9.9**).

> $\boldsymbol{v}_A$ は反応前の A の速度, $\boldsymbol{v}_C$ は反応後の C の速度である.

9.5 原子核の人工変換

例題 7 ある静止した原子核に，中性子が正面から完全弾性衝突した．原子核の質量は，質量数に中性子の質量を乗じたものとして次の問に答えよ．
(a) その原子核が中性子数 1 のヘリウム核であれば，衝突後の中性子の速さは元の速さの何倍となるか．
(b) 衝突後の中性子の速さが最小になるのはどのような場合か．ただし，衝突の際，核の変換は起きず，質量欠損はないと仮定する．

> 摩擦などによる熱の発生がない衝突を完全弾性衝突といい，力学的エネルギーが保存される．

解 (a) 中性子の質量を M，衝突前の中性子の速度を v，衝突後の中性子，原子核の速度をそれぞれ v', V とする（図 9.10）．運動量保存則により次式が成り立つ．

$$Mv = Mv' + AMV \quad ⑥$$

$\Delta m = 0$ としたから，エネルギー保存則は

$$\frac{1}{2}Mv^2 = \frac{1}{2}Mv'^2 + \frac{1}{2}AMV^2 \quad ⑦$$

と書ける．$v' \neq v$ が成り立つので⑥，⑦から

$$v' = -\frac{A-1}{A+1}v \quad ⑧$$

と表される．中性子数が 1 のヘリウム核は $A = 3$ で

$$v' = -\frac{3-1}{3+1}v = -\frac{1}{2}v$$

となり速さは 0.5 倍である．

(b) $A = 1, 2, 3, \cdots$ と書けるので⑧により v' の大きさが最小になるのは $A = 1$ の場合である．

> ⑥から
> $$V = \frac{v - v'}{A}$$
> となり，⑦に代入すると $(v-v')^2 = A(v-v')(v+v')$ が得られる．

> 同じ粒子が完全弾性衝突する場合，衝突の前後で速度が交換する．

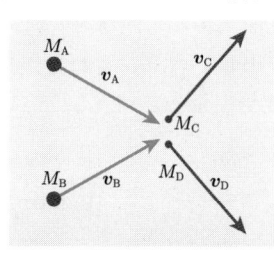

図 9.9 運動量保存則   図 9.10 正面衝突

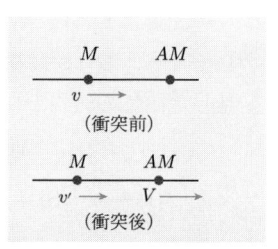

α粒子による核変換

1919年，ラザフォードはα粒子を原子核に衝突させることによって，核を人工的に変換できることを示した．図9.11に1つの実例を表す．すなわち，$^{214}_{83}\text{Bi}$から出る強いα線が$^{14}_{7}\text{N}$の核に衝突すると飛距離が数10 cmにも及ぶ粒子が見つかった．これは酸素の同位核$^{17}_{8}\text{O}$と陽子$^{1}_{1}\text{H}$を生じる核反応で，反応式は次のように表される．

$$^{14}_{7}\text{N} + ^{4}_{2}\text{He} \longrightarrow ^{17}_{8}\text{O} + ^{1}_{1}\text{H} \tag{9.24}$$

$^{4}_{2}\text{He}$, $^{16}_{8}\text{O}$, $^{28}_{14}\text{Si}$ などは安定な原子核で，上のような核反応で変換を起こすことはできない．

中性子の発見

中性子が発見される前，原子核はA個の陽子と$(A-Z)$個の電子から構成されるという考えがあった．$^{9}_{4}\text{Be}$にα粒子を当てると，非常に強い放射線が出る．1932年，チャドウィックは霧箱を使いこの放射線によりはね飛ばされた粒子の飛跡を調べ，この放射線は陽子と同じ質量をもつ中性の粒子（中性子）であることを示した．いまの場合の反応式は

$$^{9}_{4}\text{Be} + ^{4}_{2}\text{He} \longrightarrow ^{12}_{6}\text{C} + ^{1}_{0}\text{n} \tag{9.25}$$

と書けるが，中性子の発見以後，原子核は陽子と中性子とから構成されるという考えが広まった．

人工放射性原子核と陽電子の発見

1934年，ジョリオ・キュリー夫妻は$^{27}_{13}\text{Al}$にα粒子を当てると，リンの同位体$^{30}_{15}\text{P}$ができ，これが陽電子を出して$^{30}_{14}\text{Si}$に変わることを発見した．この過程を反応式で表すと

$$^{27}_{13}\text{Al} + ^{4}_{2}\text{He} \longrightarrow ^{30}_{15}\text{P} + ^{1}_{0}\text{n} \tag{9.26a}$$

$$^{30}_{15}\text{P} \longrightarrow ^{30}_{14}\text{Si} + e^{+} \tag{9.26b}$$

と書ける．ただし，e^+は電子と同じ質量をもち，電荷がeである**陽電子**を表す記号である．この場合の$^{30}_{15}\text{P}$の半減期は2.5分である．このように人工的に作られた放射性原子核を**人工放射性原子核**，また陽電子を放出する崩壊を**陽電子崩壊**という．

陽子数または中性子数が2, 8, 14, 20, 28, 50, 82, 126の原子核は安定である．これらの数を**魔法数**という．右にあげた原子核はいまの魔法数の場合に対応する．

チャドウィック (1891-1974) はイギリスの物理学者で中性子発見の功により1935年ノーベル物理学賞を受賞した．

J. キュリー (1900-1958), I. キュリー (1897-1956) の夫妻はフランスの物理学者で1935年ノーベル化学賞を受賞した．

9.5 原子核の人工変換

例題8 0.50×10^6 V の電圧で加速した陽子をリチウムに衝突させると，2個の粒子が高速で飛び出す．この現象は陽子とリチウム原子核が，次式で表される核反応を起こしたものと考えられる．Z, A を求め 2 個の粒子が何であるか明らかにせよ．

$$_1^1\mathrm{H} + {}_3^7\mathrm{Li} \longrightarrow 2\,{}_Z^A\mathrm{X}$$

この式の右辺の質量の和は，左辺の質量の和より 0.0186 原子質量単位だけ少ない．反応後の2個の粒子のもつ運動エネルギーの和は何 MeV か．

解 核反応で生じた原子核の陽子数，質量数を Z, A とすれば

$$2Z = 4, \quad 2A = 8 \quad \therefore \quad Z = 2, \quad A = 4$$

となり，飛び出す原子核は ${}_2^4\mathrm{He}$，すなわち α 粒子であることがわかる．反応の前後で外部から加わる仕事を ΔW とすれば，反応後のエネルギーは反応前と比べ ΔW だけ大きいから

$$E_\mathrm{A} + K_\mathrm{A} + E_\mathrm{B} + K_\mathrm{B} + \Delta W = E_\mathrm{C} + K_\mathrm{C} + E_\mathrm{D} + K_\mathrm{D} \quad ⑨$$

が得られる．前と同様な計算により⑨は

$$\Delta K = \Delta W + \Delta m \cdot c^2 \quad\quad ⑩$$

と表される．(9.22) は $\Delta W = 0$ の場合に相当する．(9.9) を使えば題意により次のように計算される．

$$\Delta K = (0.50 + 0.0186 \times 931.5)\,\mathrm{MeV} = 17.8\,\mathrm{MeV}$$

原子核を英語で nucleus，その形容詞を nuclear という．最初の n と u を逆にした文字 unclear は全く別の意味をもつので注意が必要である．

(9.21)（p.122）で外部から加わるエネルギー ΔW を考慮する．

=== ヘリウム 3 の生成 ===

原子炉中でリチウム 6 に中性子を当てると

$${}_3^6\mathrm{Li} + {}_0^1\mathrm{n} \longrightarrow {}_2^4\mathrm{He} + {}_1^3\mathrm{H}$$

という核反応により 3 重水素 ${}_1^3\mathrm{H}$ ができる．この原子核は β 崩壊（半減期 125 年）し

$${}_1^3\mathrm{H} \longrightarrow {}_2^3\mathrm{He} + \mathrm{e}$$

の反応によってヘリウム 3 が生成される．第 5 章で述べたように宇宙全体で見るとヘリウムは質量にして約 4 分の 1 を占め，豊富な物質である．しかし，地球上では貴重品というべき存在で簡単に手に入るわけではない．ナチス・ドイツの時代，ヘリウムの生産国であるアメリカがヘリウムをドイツに売らずそのため図 5.2 で示したような悲劇が起こった．ヘリウム 3 は天然にはほとんど存在せず，上記のような過程で作られる人工的な物質で貴重品中の貴重品といえるだろう．

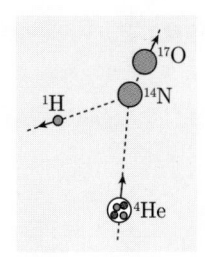

図 9.11 核反応の一例

9.6 核 分 裂

ウラン原子核の核分裂　1938 年，ハーンとシュトラスマンは $^{235}_{92}\text{U}$ に中性子を当てる実験を行った．その報告を受けたマイトナーとフリッシュは結果を解析し，実験結果がウラン原子核の分裂として説明できることを示した（右ページのコラム欄）．核分裂は質量とエネルギーの等価性の実験的な証明であると同時に核エネルギーの解放という現代物理学にとって画期的な発見であった．

> 9.3 節で述べたように, 重い原子核が中くらいの核へ変換する場合, 余った結合エネルギーが外部に放出される.

連鎖反応　$^{235}_{92}\text{U}$ の核分裂の場合，いろいろな型の核反応が起こる．その一例を例題 9 で示すが，核分裂のとき同時に中性子が 2～3 個放出される．この中性子が他の ^{235}U の原子核に吸収されると，また核分裂が起こる．1 個の核分裂によって出る中性子の数は平均 2.5 個で 1 より大きいから，中性子はネズミ算的に増え，核分裂が連鎖的に起こるようになる（図 **9.12**）．これを核分裂の**連鎖反応**という．この反応の際，^{235}U 原子核 1 個当たり約 200 MeV の核エネルギーが放出される．

核エネルギーの利用　1 kg の ^{235}U が核分裂すると，発生するエネルギーは約 5×10^{26} MeV $\simeq 8 \times 10^{13}$ J $= 8 \times 10^{10}$ kJ と計算される．1 kg の石油が燃焼するとき生じる熱量はほぼ 40×10^{3} kJ であるから，1 kg の ^{235}U は石油の約 2000 トンに相当する．核分裂に要する時間は約 10^{-6} 秒で瞬間的にエネルギーを生じ，これが原子爆弾の原理である．

> 核子の質量は 1.67×10^{-27} kg であるから, 1 kg の ^{235}U は 2.55×10^{24} 個の原子核を含み, 核分裂により 5×10^{26} MeV の核エネルギーを発生する.

　核分裂の人工的な制御によって核エネルギーを利用するような装置が**原子炉**で，それは原子力発電などに使われる．天然のウランは p.114 で述べたように，ほとんどが ^{238}U で ^{235}U は 0.7％に過ぎない．そこで，人工的に ^{235}U の割合を増加させ，核燃料などとして利用する．これを**濃縮ウラン**という．

9.6 核分裂

例題 9 ^{235}U の核分裂の一例として
$$^{235}_{92}\text{U} + ^{1}_{0}\text{n} \longrightarrow ^{141}_{56}\text{Ba} + ^{92}_{36}\text{Kr} + 3\,^{1}_{0}\text{n}$$
を考える．1 個の ^{235}U 原子核が上式により核分裂したとき，放出されるエネルギーは何 MeV か．ただし，各原子の質量は $^{235}_{92}\text{U} = 235.0439\text{u}$, $^{141}_{56}\text{Ba} = 140.9139\text{u}$, $^{92}_{36}\text{Kr} = 91.8973\text{u}$, $^{1}_{0}\text{n} = 1.0087\text{u}$ とする．

解　反応式の左辺の質量の和は 236.0526 u，右辺の質量の和は 235.8373 u である．この差をとり，エネルギーに変わった質量は 0.2153 u となり，MeV に換算すると，200.6 MeV と計算される．本来ならこのような計算を行うとき，各原子核の質量をとらねばならない．しかし，電子の質量は左辺，右辺で打ち消し合うので，各原子の質量を考えれば十分である．

u は原子質量単位を表す記号で，(9.9) (p.116) により
$1\text{u} = 931.5\text{MeV}$
が成り立つ．

補足　**臨界量**　核分裂性物質が少なすぎると，分裂によって生じた中性子が次の原子核に吸収される確率が小さく，塊の外に出てしまう（図 9.13）．連鎖反応を持続させるには，塊の大きさがある程度以上でなければならない．この必要最小限の量を**臨界量**という．

原子核は原子に比べ非常に小さいから，ある程度以上の量がないと，中性子は核にぶつからない．

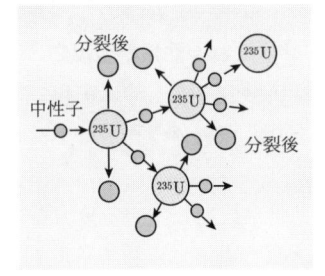

図 9.12　連鎖反応　　　　図 9.13　臨界量

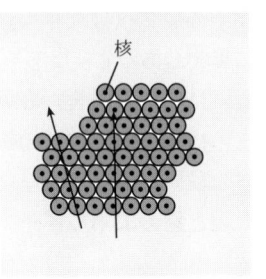

=============== **核分裂発見の歴史** ===============

核分裂の発見はハーン (1879-1968, ドイツの化学者)，シュトラスマン (1902-1980, ドイツの化学者)，マイトナー女史 (1878-1968, オーストリア出身の物理学者で 1906 年から 30 年間ハーンと共同研究をした)，フリッシュ (1904-1979, オーストリア，イギリスの物理学者でマイトナーの甥) による．1938 年，ハーンとシュトラスマンによるウラン原子への中性子照射の結果をマイトナーとフリッシュが解析し，これがウラン原子核の分裂として説明できることを示した．

ハーンは 1944 年度のノーベル化学賞を戦後 1946 年になって受賞した．

9.7 核融合

原子核の融合　9.3節で注意したように，軽い核が融合する場合にも核エネルギーが放出される．すなわち，軽い原子核が2個結合して，より重い安定な原子核が形成される核反応が**核融合**である．例えば，重水素核 ^2_1H が2個結合して

$$^2_1\text{H} + ^2_1\text{H} \longrightarrow ^3_2\text{He} + ^1_0\text{n} \qquad (9.27)$$
$$(2.0141)\ (2.0141) \qquad (3.0160)\ (1.0087)$$

という核反応が起こるときを考える．左辺の質量の和は 4.0282 amu, 右辺のは 4.0247 amu で，その差 0.0035 amu = 3.3 MeV の核エネルギーが放出される．

熱核融合反応　2個の原子核が核融合を起こすためには互いに働くクーロン斥力に打ち勝つため大きな運動エネルギーが必要となる．原子を $10^7 \sim 10^8$ K にすると，原子核と電子とは完全に電離した状態となる．高温プラズマ中の原子核は大きな運動エネルギーをもつので，互いに衝突しあって核反応を起こす．これを**熱核融合反応**（あるいは単に**核融合**）という．核融合を人工的に実現できたのは水素爆弾だけの例であり，核融合の利用はまだ実用の段階に達していない．

太陽と星のエネルギー　太陽が放射している莫大なエネルギーの源は，核融合によって解放される核エネルギーである（例題10）．太陽に限らず，自ら輝く恒星のエネルギーも核融合によって供給されている．地球上で太陽エネルギーは植物の光合成によって化学的なエネルギーに変えられ，これは全生物が生存するためのエネルギーとなる．自動車，汽車，電車などを動かすための石炭や石油などの化石燃料も，もとをただせば，昔の植物や動物が太陽エネルギーを化学エネルギーの形で蓄えたものである．

(9.27) の下でかっこ内の数字は各原子の質量を amu で表したものである．

超高温の電離した気体を**高温プラズマ**という．

ウランは約46億年前に地球誕生のもととなった宇宙の塵に含まれていたもので再び作り出すことはできない．

9.7 核融合

例題 10 太陽は毎秒 4.0×10^{26} J のエネルギーを出して輝いている．そのエネルギー源は核エネルギーで，4個の陽子が1個のヘリウム原子核と2個の陽電子になる反応が起こっている．この反応で質量が約 0.7% 減少するとして，次の問に答えよ．

(a) この場合の核反応式を示せ．
(b) 太陽の質量は 2.0×10^{30} kg である．これが全部水素でできていて，その全部が上記の反応をしたとすれば何 J のエネルギーを出すか．
(c) 太陽が現在と同じエネルギーを放出し将来も輝くと仮定したとき，太陽は何年輝き続けることができるか．

年を秒で表すと
1年 $= 3.2 \times 10^7$ s
となる．

解 (a) $4\,{}^1_1\mathrm{H} \longrightarrow {}^4_2\mathrm{He} + 2\mathrm{e}^+$

(b) 質量の減少分は
$$2.0 \times 10^{30} \times 0.007 \,\mathrm{kg} = 1.4 \times 10^{28} \,\mathrm{kg}$$
であるから，放出する全エネルギーはこれに c^2 を掛け
$$1.4 \times 10^{28} \times (3.0 \times 10^8)^2 \,\mathrm{J} = 1.26 \times 10^{45} \,\mathrm{J}$$
と計算される．

(c) 太陽は1年間に
$$4.0 \times 10^{26} \times 3.2 \times 10^7 \,\mathrm{J} = 1.28 \times 10^{34} \,\mathrm{J}$$
のエネルギーを出す．したがって，求める年数は次のようになる．
$$\frac{1.26 \times 10^{45}}{1.28 \times 10^{34}} \text{年} = 9.8 \times 10^{10} \text{年}$$

星の進化と元素の起源

核融合は，星の進化や元素の起源とも関係している．銀河系の中には水素を主成分とするガスがあり，これが万有引力で引きつけられ大きな塊になると，核融合が始まる．これが星の誕生である．核融合がさらに進行して中心部にヘリウムが多くなると，3個のヘリウム ${}^4\mathrm{He}$ が融合して ${}^{12}\mathrm{C}$ となり，その ${}^{12}\mathrm{C}$ と ${}^4\mathrm{He}$ とが融合して ${}^{16}\mathrm{O}$ となる．このようにして，星の内部では水素を原料としてさまざまな元素が作られている．星は，核融合を利用してエネルギーを放出すると同時に，各種の元素を作る合成工場であるといえる．核エネルギーの源が尽きると，星は次第に光を失う．中には，星の進化の最終段階で爆発が起こり（超新星），また，超新星の後に残るのは中性子星であったりする．このように，宇宙での現象は原子核に含まれる核エネルギーと密接に関係している．

図 5.1 (p.49) で示したバーナードループは宇宙空間内の水素を表している．

演習問題 第9章

1. ^4_2He の原子の質量は 4.00260 amu である．amu 単位で陽子，中性子，電子の質量は陽子 = 1.00727，中性子 = 1.00867，電子 = 0.00055 とする．質量欠損は何 amu か．また，結合エネルギーは何 MeV か．

2. $^{14}_6\text{C}$ の半減期は 5730 年である．この原子核の崩壊定数を求めよ．また，2000 年たったとき，原子核の数は最初の何％になるか．さらに，1 g の $^{14}_6\text{C}$ が出す放射能の強さは何キュリーか．

3. $^{235}_{92}\text{U}$ の原子核は α 崩壊や β 崩壊を何回も起こし最終的に原子番号 82 の安定な鉛となる．

    (a) ウランが鉛になったとき質量数は 206, 207, 208 のうちどれか．

    (b) ウランが鉛になるまでに α 崩壊，β 崩壊を何回行ったか．

4. 静止している 1 個の $^{235}_{92}\text{U}$ の原子核が，遅い中性子 1 個を吸収し質量数 A_1, A_2 の 2 個に核に分裂し中性子 2 個を放出した．分裂核のそれぞれの速さと運動エネルギーを v_1, v_2, E_1, E_2 として，次の問に答えよ．ただし，中性子の運動は考えなくてもよい．

    (a) E_1 はどのように書けるか．

    (b) v_1 と v_2 の比 v_1/v_2 はどのように表されるか．A_2 だけを用いて表せ．

    (c) E_1 と E_2 を知って A_1 を求める式を導け．

5. ウラン ^{235}U 1 個が核分裂すると 200 MeV のエネルギーが放出される．毎秒 1×10^{-7} kg のウラン 235 が消費される原子炉で，核エネルギーの 20％ が電気エネルギーに変換されるとする．この原子力発電で得られる電力は何 kW か．

ウランの崩壊の様子は U → Th → Pa → ⋯ と表され，それを**崩壊系列**という．

1 モル中の原子数を 6.0×10^{23}，$1\,\text{eV} = 1.6 \times 10^{-19}$ J とせよ．

第10章

素粒子

　ギリシア時代の古代から物質の究極は何かという問題は，人類の知的好奇心を刺激してきた．物質はそれ以上分割し得ない粒子から構成されると想像し，この粒子をアトムと名付けた．鉄腕アトムの語源はここにある．現代物理学の発展とともにアトムは単なる想像の産物ではなく実在の物理的対象であることがわかってきた．原子は原子核と電子から構成され，原子核はさらに陽子と中性子とから作られる．陽子，中性子，電子は物質を構成する基本的な粒子で**素粒子**と呼ばれる．宇宙は物質と放射とから構成されるが，放射を作り上げる基本的な粒子は光子でこれも素粒子の一員である．原子核の中には β 崩壊するものがあるが，このとき放出されるニュートリノも素粒子である．本章では素粒子について学んでいく．

本章の内容

10.1　物質の究極
10.2　粒子と反粒子
10.3　素粒子の検出
10.4　加速器
10.5　核　力
10.6　素粒子の性質
10.7　クォーク

10.1 物質の究極

分子　1滴の水を半分にしてもやはり水である．さらにそれを半分にしてもやはり水に違いない．このような半分化の過程を続けていくと，いつか水という特性をもつ最小の単位に到達するであろう．2.6節で述べたように，このような考えから水分子という概念が生まれた．また，物質量にはモルという普遍的な量があり，1モル中に含まれる分子数は物質の種類，その状態によらず一定の数（モル分子数）で与えられることがわかった．1モルの物質の質量は分子量とよばれるが，これはその物質に固有な量で，物質の三態とは無関係であることも明らかになってきた．

> 半分化という考えは現代物理学でも使われる．相転移点の近傍では相関距離が長くなるが，それを短くする工夫として半分化の論理が応用される．

原子　詳しい研究によると，分子はさらにいくつかの原子から構成される．物質は元素から構成され，元素を構成する最小の微粒子が原子である．自然界には92種類の元素があり，例えば周知のように水分子の構造は H_2O と書ける．1モルの元素の質量は原子量で，その中にはモル分子数に等しいだけの原子が含まれている．第5章で述べた燃料電池の場合，酸素と水素が化合して水となる．この化学変化は $2H_2 + O_2 \longrightarrow 2H_2O$ と書ける．

> 原子番号が93以上の元素は人工的に作られたもので，原子番号113の元素が合成されたという報道がある．

原子核と電子　原子は原子核と電子から構成される．原子核については第9章で述べたが，電子のもつ電荷を通常 $-e$ と書く（e：電荷素量）．e の測定についてはこれまで述べる機会がなかったが，ここで簡単に触れておく．1909年，ミリカンは電場中に浮かぶ帯電した油滴のもつ電荷を測定した（図10.1）．電場のない状態で油滴を落下させ，その速度を顕微鏡で測定すると油滴の半径がわかる．図で示した電極 A，B の間に電圧をかけ，その間に電場を発生させる．油滴に X 線を当てると，まわりの空気がイオン化され油滴に電荷が付着し，その測定値がある値の整数倍であることから e を求めた．

> ミリカン (1868-1953) はアメリカの物理学者で e の測定の業績により1923年ノーベル物理学賞を受賞した．

10.1 物質の究極

参考　物質と放射　光あるいはもっと一般的に放射は物理では重要な意味をもつ. それは物質と放射が宇宙を構成する 2 つの要素であるという事情による. 光を表す基本粒子は光子であることを第 4 章で学んだが, 1930 年代には電子 (記号 e^-), 陽子 (記号 p), 中性子 (記号 n), ニュートリノ (記号 ν), 光子 (記号 γ) を素粒子と考えていた.

補足　電磁相互作用　電子と光子との間には相互作用が働きこれを**電磁相互作用**という. この相互作用を特徴づける無次元の量は次式で定義される**微細構造定数**である.

$$\alpha = \frac{e^2}{4\pi\varepsilon_0 \hbar c} \qquad ①$$

> いまからおよそ 137 億年前, ビッグバンによって宇宙が創成され, それ以後, 物質と放射が存在する.

> 電磁場と荷電粒子との間の相互作用を表すのが電磁相互作用である.

> α は原子の出すスペクトル線の微細構造と関係しているので微細構造定数とよばれる. なお, 下段のコラム欄を参照せよ.

例題 1　①で与えられる α が無次元であることを示し, その値を計算せよ.

解　e の電荷をもつ 2 個の点電荷が距離 r だけ離れているとき両者間のクーロンポテンシャルは $e^2/4\pi\varepsilon_0 r$ と書ける. エネルギー, 長さを U, L と書き, 次元を [ ] で表すと $e^2/4\pi\varepsilon_0$ は $[UL]$ の次元をもつ. 時間を T で表すと $[\hbar] = [UT]$, $[c] = [LT^{-1}]$ となるので α は無次元の量となる. 諸物理量に対する国際単位系での数値を用いると α は次のように計算される.

$$\alpha = \frac{1.602^2 \times 10^{-38}}{4\pi \times 8.854 \times 10^{-12} \times 1.055 \times 10^{-34} \times 2.998 \times 10^8} = \frac{1}{137}$$

量子電磁力学と微細構造定数

電磁場は光子の集団として記述される. 荷電粒子と電磁場の相互作用を量子力学で扱う分野を量子電磁力学という. この方面の標準的な方法は電磁相互作用を弱い相互作用とみなし, 摂動論を適用することである. しかし, 単純な方法では発散の困難が生じる. これを克服する方法はくりこみ理論で我が国の朝永振一郎 (1906-1979) もこの方面の業績により 1965 年ノーベル物理学賞を受賞した. 摂動論の結果は α のべき級数として表され, 量子電磁力学に関連した各種の物理量が摂動展開で求まっている.

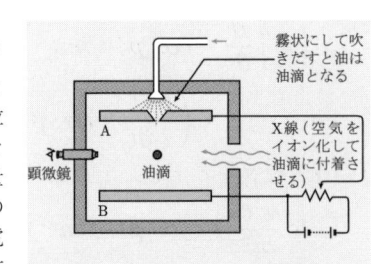

図 10.1　ミリカンの油滴実験器

10.2 粒子と反粒子

相対論と量子力学 質量 m の自由粒子の運動量を $\boldsymbol{p}$, 運動エネルギーを E とすれば非相対論では $E = p^2/2m$ が成り立つ．一方，相対論の場合には p.35 ⑭により

$$E^2 = c^2 p^2 + m^2 c^4 \tag{10.1}$$

と書ける．この関係を波動関数 ψ に作用し

$$E \to -(\hbar/i)\partial/\partial t, \quad \boldsymbol{p} \to (\hbar/i)\nabla$$

とすれば，ψ に対する量子力学的な方程式は

$$\left(\nabla^2 - \frac{1}{c^2}\frac{\partial^2}{\partial t^2} - \frac{m^2 c^2}{\hbar^2}\right)\psi = 0 \tag{10.2}$$

となる．(10.2) を**クライン-ゴルドン方程式**といい，これはローレンツ変換に対し不変である（演習問題1）．クライン-ゴルドン方程式はスピン0の π 中間子に適用できるとされている．

> クライン (1894-1977) はスウェーデンの理論物理学者，ゴルドン (1893-1939) はドイツの物理学者である．

相対論的電子論 (10.2) は時間の2階の偏微分を含むが，通常のシュレーディンガー方程式は $-(\hbar/i)\partial\psi/\partial t = H\psi$ というように時間の1階の偏微分を含む．そこでディラックは (10.2) をこのような形式に変換することを試みた．具体的には (10.2) を因数分解したとして

$$\left(-\frac{\hbar}{i}\frac{\partial}{\partial t} - c\boldsymbol{\alpha}\cdot\boldsymbol{p} - \beta m c^2\right)$$
$$\times \left(\frac{\hbar}{i}\frac{\partial}{\partial t} - c\boldsymbol{\alpha}\cdot\boldsymbol{p} - \beta m c^2\right)\psi = 0$$

という方程式を考える．上式は

$$\hbar^2 \frac{\partial^2 \psi}{\partial t^2} + (c\boldsymbol{\alpha}\cdot\boldsymbol{p} + \beta m c^2)^2 \psi = 0 \tag{10.3}$$

と表されるが，(10.3) が (10.2) のクライン-ゴルドン方程式と一致するよう $\boldsymbol{\alpha}, \beta$ を決める．そのためには，$\boldsymbol{\alpha}, \beta$ は通常の数ではなく演算子であることが要求される（例題2）．こうしてディラック方程式は次のように書ける．

$$-\frac{\hbar}{i}\frac{\partial \psi}{\partial t} = (-c\boldsymbol{\alpha}\cdot\boldsymbol{p} - \beta m c^2)\psi \tag{10.4}$$

> ディラックが相対論的な方程式を導いたのは 1928 年である．

> (10.4) 左辺の符号を逆にしても，同じ結果が得られる．

10.2 粒子と反粒子

例題2 (10.3) が (10.2) と一致するためには α, β をどのように決めればよいか.

解 (10.2) で $\nabla^2 = -p^2/\hbar^2$ と表される点に注意すると

$$\left(\hbar^2 \frac{\partial^2}{\partial t^2} + c^2 p^2 + m^2 c^4\right)\psi = 0 \qquad ②$$

が得られる.一方, (10.3) は x, y, z 成分を使って書くと

$$\bigg[\hbar^2 \frac{\partial^2}{\partial t^2} + c^2(\alpha_x^2 p_x^2 + \alpha_y^2 p_y^2 + \alpha_z^2 p_z^2) + \beta^2 m^2 c^4$$
$$+ (\alpha_x \alpha_y + \alpha_y \alpha_x) p_x p_y + \cdots$$
$$+ mc^3(\alpha_x \beta + \beta \alpha_x) p_x + \cdots\bigg]\psi = 0 \qquad ③$$

となる.②と③が一致するためには

$$\alpha_x^2 = \alpha_y^2 = \alpha_z^2 = \beta^2 = 1$$
$$\alpha_x \alpha_y + \alpha_y \alpha_x = \alpha_y \alpha_z + \alpha_z \alpha_y = \alpha_z \alpha_x + \alpha_x \alpha_z = 0$$
$$\alpha_x \beta + \beta \alpha_x = \alpha_y \beta + \beta \alpha_y = \alpha_z \beta + \beta \alpha_z = 0$$

が成立すればよい.すなわち, $\alpha_x, \alpha_y, \alpha_z, \beta$ は互いに反交換し,2乗すると1になるような演算子である.

> ③で $\cdots$ と表した部分は同じような項を意味する.
>
> $\alpha_x, \alpha_y, \alpha_z, \beta$ が通常の数であれば左の関係を満たすことは不可能である.

参考 パウリ行列 $\alpha_x, \alpha_y, \alpha_z, \beta$ は最低 4×4 の行列で表されることが知られている.その具体的な形を求めるには 2×2 のパウリ行列を使うのが便利で,この行列は

$$\sigma_x = \begin{bmatrix} 0 & 1 \\ 1 & 0 \end{bmatrix}, \quad \sigma_y = \begin{bmatrix} 0 & -i \\ i & 0 \end{bmatrix}, \quad \sigma_z = \begin{bmatrix} 1 & 0 \\ 0 & -1 \end{bmatrix} \qquad ④$$

と定義される.パウリ行列に対して次の関係の成り立つことが容易に証明される.

$$\sigma_x^2 = \sigma_y^2 = \sigma_z^2 = 1$$
$$\sigma_x \sigma_y + \sigma_y \sigma_x = 0, \quad \sigma_y \sigma_z + \sigma_z \sigma_y = 0, \quad \sigma_y \sigma_z + \sigma_z \sigma_y = 0$$

ここで $\mathbf{1}, \mathbf{0}$ はそれぞれ 2×2 の単位行列, $\mathbf{0}$ 行列を意味する. $\sigma_x, \sigma_y, \sigma_z, \beta$ を④ののパウリ行列により

$$\boldsymbol{\alpha} = \begin{bmatrix} 0 & \boldsymbol{\sigma} \\ \boldsymbol{\sigma} & 0 \end{bmatrix}, \quad \beta = \begin{bmatrix} 1 & 0 \\ 0 & -1 \end{bmatrix} \qquad ⑤$$

と書ける.例えば

$$\beta \alpha_x = \begin{bmatrix} 0 & \sigma_x \\ -\sigma_x & 0 \end{bmatrix}, \quad \alpha_x \beta = \begin{bmatrix} 0 & -\sigma_x \\ \sigma_x & 0 \end{bmatrix}$$

となり $\beta \alpha_x + \alpha_x \beta = 0$ が得られる.他の関係も同様である.

> $\boldsymbol{\sigma} = (\sigma_x, \sigma_y, \sigma_z)$ と書き,④の $\sigma_x, \sigma_y, \sigma_z$ を $\boldsymbol{\sigma}$ の x, y, z 成分とみなす.
>
> すべての行列要素が 0 である行列を $\mathbf{0}$ 行列という.

自由電子に対する解　(10.4) で $\psi = e^{-iEt/\hbar + i\bm{k}\cdot\bm{r}} u$ とおき，$\bm{p} = \hbar\bm{k}$ とすれば

$$(E + c\bm{\alpha}\cdot\bm{p} + \beta mc^2)u = 0 \tag{10.5}$$

が得られる．ここで u は 4 個の成分をもつベクトルである．(10.5) の解を求めると（演習問題 2），スピンが上向きか，下向きかという以外に $E_+ = \sqrt{c^2p^2 + m^2c^4}$，$E_- = -\sqrt{c^2p^2 + m^2c^4}$ という 2 つの状態が導かれる．$E_\pm$ は (10.1) を解き $\pm$ をつけたことに相当する．

> (10.4) の p は演算子，(10.5) の p は普通の数である．同じ p という文字を用いたが，混乱が起こる心配はないであろう．

陽電子　量子力学では状態間の遷移が起こるので，E_+ の状態の電子が E_- の状態に遷移する可能性がある．すなわち，正エネルギーの電子は必ずしも安定ではない．このような困難を解決するためディラックは次のように考えた．真空で負エネルギーの状態がすべて電子で占められているとすれば，パウリの排他律によってそこへの遷移は不可能であり，よって正エネルギーの電子は安定となる．ただし，真空に高いエネルギーを与え，負エネルギーの電子を正エネルギーの状態に遷移させると，正エネルギーの電子ができると同時に，負エネルギー状態に空孔が生じる（図 10.2）．この空孔は電子と同じ質量をもち，正電荷をもつように振る舞い**陽電子**とよばれる．陽電子は 1932 年に発見され，ディラックの考えの正しいことがわかった．

> クラインはある種の強いポテンシャルのもとで右のような遷移が起こることを示した．そこでこれを**クラインのパラドックス**という．

> この空孔は**図 8.16** で示した真性半導体の充満帯に生じる正孔に似ている．

粒子と反粒子　電子と陽電子のような関係を，一般に粒子と**反粒子**とよぶ．反粒子とは，質量が同じで逆符号の電荷をもつ粒子のことである．素粒子論によると，すべての素粒子にはその反粒子が存在する．光子は電荷がないので，光子の反粒子は自分自身である．また，陽子の反粒子は反陽子である．中性子，ニュートリノは中性であるが，その反粒子が存在する．これらを $\bar{n}, \bar{\nu}$ という記号で表す．一般に，反粒子を ‾ の記号で記述することが慣習となっている．

10.2 粒子と反粒子

[補足] 対生成と対消滅 2個のγ線光子が衝突し, その波長が十分短いと電子と陽電子の対が発生することが知られている（例題3）. この現象を**対生成**という. また, その逆過程, すなわち電子と陽電子の対が消滅し（2個以上の）γ線光子となる**対消滅**も起こる.

> **例題3** (a) 電子の静止エネルギーは何 MeV か.
> (b) 対生成される電子と陽電子が静止しているとする. 1個のγ線光子ではこのような過程は起こせないことを示せ.
> (c) 2個のγ線光子が正面衝突し, 対生成を起こすとする（図 10.3）. このときのγ線の波長を求めよ.

一般に素粒子反応で粒子と反粒子が生じる現象を対生成, その逆反応を対消滅という.

[解] (a) 電子の質量は 0.000549 amu, 1 amu = 931.5 MeV [(9.9), p.116] を利用すると, 電子の静止エネルギーは 0.511 MeV と計算される.

電子 2 個の静止エネルギーがほぼ 1 MeV に等しい.

(b) 対生成される電子と陽電子が静止しているればその全運動量は 0 である. 1個の光子が対生成を起こすとすれば, $p = E/c$ により $p = 0, E = 0$ で光子の ν は 0 となってしまう. このため最低 2 個の光子が対生成を起こすと考える必要がある.

(c) 2個の光子では図 10.3 のような正面衝突となる. この場合の反応式は $\gamma + \gamma \to e^- + e^+$ と書ける. エネルギー保存則から $2h\nu = 2mc^2$ が成り立つ. γ線の波長 λ は $\lambda = c/\nu$ と書け, これらの関係から λ は次のように計算される.

電子, 陽電子の質量を m とする.

$$\lambda = \frac{h}{mc} = \frac{6.63 \times 10^{-34} \text{J·s}}{9.11 \times 10^{-31} \text{kg} \times 3.00 \times 10^8 \text{m/s}}$$
$$= 2.43 \times 10^{-12} \text{m} \qquad ⑥$$

対生成を起こすための波長はこれより短いことが必要である.

h/mc をコンプトン波長という.

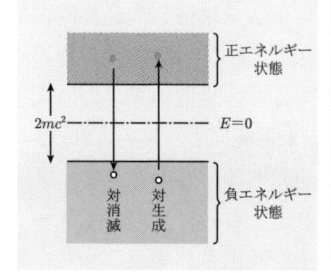

図 10.2 電子対の生成と消滅

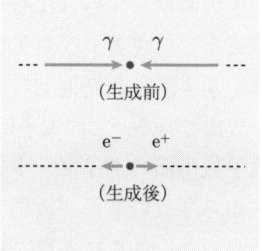

図 10.3 対生成

10.3 素粒子の検出

検出の方法　陽子や電子は極微な存在であるから，直接目で見ることはできない．しかし，なんらかの方法でその飛跡を観測することは可能である．1つの方法は写真乾板を利用することで，乾板中の粒子の飛跡を記録し素粒子の性質を調べることができる．実際，核力の原因として湯川が予想した中間子（10.5節参照）は宇宙線の写真でその存在が発見された．この他，霧箱，泡箱，光電子増倍管などいろいろな装置があるが，以下簡単な紹介をしておこう．

> 1959～61 年の著者の滞米中，アルゴンヌの加速器で撮られた写真乾板を某研究室で顕微鏡観測していた．

霧箱　1897 年にウィルソンが発明したもので，陽子，電子，中間子，α粒子などの荷電粒子の経路を直接観測するための装置である．過飽和蒸気がイオンを核として凝結する現象を利用している．意外とこれと類似する出来事は身の周辺で観測される（例題 4）．

> 荷電粒子の検出には計数管も使われるが，これについては 9.4 節で述べた．

泡箱　液体ヘリウムや液体水素などを急速に減圧した中に高速荷電粒子が通ると，その飛跡に沿って小さな泡が生じるので，これを利用し素粒子の観測が可能となる．泡箱は 1952 年以降，高エネルギーの素粒子を研究する手段として利用されてきた．

光電子増倍管　素粒子は適当な反応により光を出すことがある．光電子増倍管はこの光を光電効果によって光電子に変換し，さらにその電子数を増倍し，最終的には電流として観測するような装置である．図 10.4 にその原理を示す．光が光電面に達すると，光電効果のため電子が放出される．この電子は収束電極により集められ，2次電子放出面（ダイノード）をたたく．このときダイノードから多数の電子が放出され，これらは次のダイノードに当たり，さらに多数の電子が放出される．こうして電子数が増倍されアノードで電子信号として取り出される．

> 図 4.2（p.41）で示した光子の映像は光電子増倍管により得られたものである．

10.3 素粒子の検出

例題 4 ウィルソンの霧箱に似た現象は日常生活で観測されることがあるか．

解 飛行機雲は飛行機の飛跡を記述するもので，霧箱中の現象と似ている．大気中の温度の低いところを飛行機が飛ぶと，エンジンからの排気ガス中に含まれている水蒸気が凝結し雲として観測される．

著者が初めて飛行機雲を見たのはアメリカ軍の **B29** が東京上空に現れた 1944 年のことである．

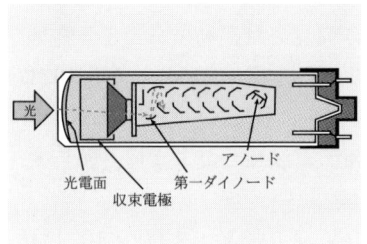

図 10.4 光電子増倍管

図 10.5 ニュートリノの観測

図 **10.5** は Phys. Rev.Letters: Vol.58.No.14 (1987) によるものである．

=== カミオカンデとニュートリノ ===

地球には宇宙から各種の放射線が降り注いでおり，これを**宇宙線**という．宇宙線の中には透過力が強く地球を貫通するような成分もあり，戦前この種の観測を行うため仁科芳雄のグループは清水トンネルの内部で実験を行った．戦後，岐阜県の神岡鉱山の地下水槽に 3000 トンの水を入れ，ニュートリノが高速で水中を通過するときに発する光を捕らえ，それを電子増倍管で観測するカミオカンデが作られた．1987 年 2 月 23 日，大マゼラン雲で起きた超新星爆発によって膨大な数のニュートリノが放出され，地球を貫いて宇宙のかなたに去っていった．大マゼラン雲からやってきた 11 個のニュートリノの痕跡を，当時，東京大学の小柴昌俊教授のグループが捕らえることに成功した．図 10.5 はその記録で，縦軸は電子増倍管で発生した電子のエネルギーを MeV の単位で表したものである．このような業績に対し 2002 年度のノーベル物理学賞が小柴教授に送られた．「カミオカンデ」につく「ンデ」という言葉は何かという疑問があるが，これは英語の Nucleon Decay Experiment (核子崩壊実験) の頭文字に由来する．

仁科芳雄 (1890-1951) は我が国の現代物理学の草分け的存在で日本最初のサイクロトロンを製作した．

ニュートリノ ν_e (10.6 節参照) は水中の陽子 p と $\nu_e + p \to e^+ + n$ の反応を起こす．陽電子 e^+ の発する光を利用する．

10.4 加速器

高エネルギー物理学　1930 年頃までは，自然放射性元素からの α 線や宇宙線を用いて原子や原子核の研究が行われた．1930 年代から 1940 年代にかけて物質粒子を高速に加速する装置，すなわち**加速器**が開発された．1960 年代になると，加速器のエネルギーは 10^{10} eV 以上となり，続々と新しい素粒子が発見され，高エネルギー物理学という 1 つの分野が誕生した．我が国においても 1971 年に高エネルギー物理学研究所（KEK）が発足した．

> KEK は現在，高エネルギー加速器研究機構とよばれる．

エネルギーの単位　7.3 節で注意したように，核エネルギーを表す適切な単位は

1 メガ電子ボルト：$1\mathrm{MeV} = 10^6\mathrm{eV} = 1.60 \times 10^{-13}\mathrm{J}$

である．高エネルギー物理学はこれよりはるかに高いエネルギー領域を問題とするので

1 ギガ電子ボルト：$1\mathrm{GeV} = 10^9\mathrm{eV} = 1.60 \times 10^{-10}\mathrm{J}$

1 テラ電子ボルト：$1\mathrm{TeV} = 10^{12}\mathrm{eV} = 1.60 \times 10^{-7}\mathrm{J}$

などの単位を用いる．

> 一昔前ギガ電子ボルトをビリオン電子ボルト（BeV）といった．国により 10^9 または 10^{12} をビリオンといい混乱が起こるため 1948 年以降ギガ電子ボルトに統一された．

サイクロトロンの原理　サイクロトロンの原理を図 **10.5** に示す．紙面に垂直で一様な磁場（磁束密度：B）があるとし，紙面上（xy 面上）で運動する質量 m，電荷 q の粒子を考える．粒子には $\boldsymbol{F} = q(\boldsymbol{v} \times \boldsymbol{B})$ のローレンツ力が働き，例題 5 で見るように v_x, v_y は

$$\omega_\mathrm{c} = \frac{|q|B}{m} \tag{10.6}$$

で定義される**サイクロトロン角振動数** ω_c の単振動を行う．$q > 0$ だと，原点 O のまわりの等速円運動は図のように時計まわりとなる．粒子が点 A にきたとき，上の極板を $+$，下の極板を $-$ にすれば粒子が加速される．粒子が点 B にきたときは逆にすればよく，円運動と同じ周期の交流電圧を与えれば粒子は加速される．

> $q < 0$ の場合，原点のまわりの等速円運動は反時計まわり（正の向き）となる．

10.4 加速器

例題 5 一様な磁場中の荷電粒子の運動について論じよ．

[解] 運動方程式 $md\boldsymbol{v}/dt = q(\boldsymbol{v} \times \boldsymbol{B})$ を考え，磁場の向きに z 軸をとる．運動方程式の x, y, z 成分は

$$m\frac{dv_x}{dt} = qBv_y, \quad m\frac{dv_y}{dt} = -qBv_x, \quad m\frac{dv_z}{dt} = 0 \quad ⑦$$

となり，左の 2 式から $d^2v_x/dt^2 = -\omega_c^2 v_x, d^2v_y/dt^2 = -\omega_c^2 v_y$ が得られる．これらは v_x, v_y に対する単振動の式である．$z = 0$ という平面運動に話を限ると，x, y に対し

$$m\frac{d^2x}{dt^2} = qB\frac{dy}{dt}, \quad m\frac{d^2y}{dt^2} = -qB\frac{dx}{dt} \quad ⑧$$

が成り立つ．⑧を満たす 1 つの解は

$$x = A\cos(\omega_c t + \alpha), \quad y = -A\frac{q}{|q|}\sin(\omega_c t + \alpha) \quad ⑨$$

と書け，これは原点を中心とする半径 A の等速円運動を表す．

$q < 0$ の場合には
$x = A\cos(\omega_c t + \alpha)$
$y = A\sin(\omega_c t + \alpha)$
となりこれは正の向きに進む円運動を表す．

[参考] 線形加速器 直線上で粒子が加速されるような装置を**線形加速器**という．図 10.6 で B → A と半円に沿う経路を直線化し，図 10.7 のように粒子は B → A へ直線に沿って動き，+, − の電圧を図のようにとれば粒子は加速される．数 km にわたって粒子を加速する場合もある．

[補足] シンクロトロン サイクロトロンの場合，原点にあった粒子が次第に加速され，半径が大きくなって，最後に円の周辺で核反応を起こすような振る舞いをする．粒子が加速され，見かけ上質量が軽くなると，交流電圧の周期数を変える必要がある．このような不便を避けるため，あらかじめ粒子を線形加速器で加速して一定の速さとし，一定の半径の軌道で加速する装置が使われる．これを**シンクロトロン**という．

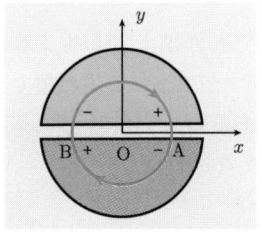

世界最大級の加速器はアメリカのフェルミ国立加速器研究所の**テバトロン**である．これは一種のシンクロトロンであり 4.4T の磁場中，半径 1km の加速管の中で陽子と反陽子のエネルギーが 1.0TeV になるまで加速される．そのため，テバトロンと命名された．

図 10.6 サイクロトロン　　図 10.7 線形加速器

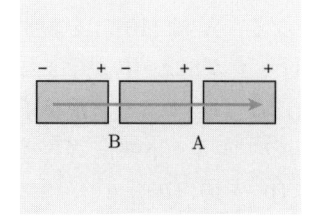

10.5 核　力

基本的な相互作用　2つまたはそれ以上の物体は互いに相互作用を及ぼしあう．この相互作用は直観的に力という概念で記述されるが，分子，原子，素粒子などの粒子間の場合には相互作用という用語が使われる．自然界における基本的な相互作用は表 10.1 に示すように 4 種類存在する．このうち，万有引力，電磁相互作用はいわゆる力として日常的に経験される．この表で，相互作用の強さは，強い相互作用を 1 としたときの相対的な値である．例題 6 で示すように，水素原子の場合，陽子，電子間に働く万有引力は，両者間のクーロン力に比べ桁違いに小さい．これは表 10.1 の結果と一致する．

> 表 10.1 は「物理学辞典改訂版」（培風館，1992）から引用したものである．

弱い相互作用　この相互作用は日常的な物理現象とは無関係で，原子核の β 崩壊をもたらすものである．9.4 節で学んだように，β 崩壊では原子核の陽子数は 1 だけ増え，同時に電子とニュートリノが放出される．その過程は原子核の内部で中性子 n が陽子 p，電子 e^-，反ニュートリノ $\bar{\nu}$ に変わると記述され，式で表すと

$$n \to p + e^- + \bar{\nu} \tag{10.7}$$

> β 崩壊で電子と同時に放出されるニュートリノは反ニュートリノであると定義される．

と書ける．(10.7) の反応をもたらす相互作用はフェルミが導入したのでこれを**フェルミ相互作用**という．それに対応するハミルトニアンを H' とすれば，H' は

$$H' = X + X^\dagger \tag{10.8}$$

となる．X は (10.7) を表す項で n が消え p が生まれる項と，ν が消え（$\bar{\nu}$ が生まれ）e^- が生まれる項の積である．H' はエルミート演算子であるため (10.8) のように X のエルミート共役 $X^\dagger$ を加えなければならない．$X^\dagger$ は $(p \to n)$, $(\bar{\nu} \to e^+)$, すなわち

$$p \to n + e^+ + \nu \tag{10.9}$$

> フェルミがフェルミ相互作用を導入したのは 1934 年でこの相互作用は弱い相互作用と同義語である．

の陽電子崩壊を記述する．

10.5 核力

表 10.1 基本的な相互作用

相互作用	強さ	力の作用範囲
重力(万有引力)相互作用	$\approx 10^{-29}$	無限大($1/r^2$ 法則)
弱い相互作用	$\approx 10^{-10}$	短い($\sim 10^{-15}$m)
電磁相互作用	$\approx 10^{-2}$	無限大($1/r^2$ 法則)
強い相互作用	1	短い($\sim 10^{-15}$m)

例題 6 基底状態にある水素原子を考え,陽子,電子間のクーロン力と万有引力を比較せよ.ただし,電子の質量は $m = 9.11 \times 10^{-31}$kg, 陽子の質量は $M = 1.67 \times 10^{-27}$kg, 真空の誘電率は $\varepsilon_0 = 8.85 \times 10^{-12}$ C^{2}N^{-1}m^{-2}, 万有引力定数は $G = 6.67 \times 10^{-11}$N·m^2/kg^2, 電気素量は $e = 1.60 \times 10^{-19}$C とする.

陽子,電子間のクーロン力の具体的な計算は第 1 章の例題 2 (p.7) で扱った.

解 万有引力,クーロン力の大きさをそれぞれ F', F とすれば,陽子,電子間の距離 r は共通であるから

$$\frac{F'}{F} = \frac{4\pi\varepsilon_0 GmM}{e^2} = \frac{4\pi \times 8.85 \times 10^{-12} \times 6.67 \times 10^{-11}}{1.60^2 \times 10^{-38}}$$
$$\times 9.11 \times 10^{-31} \times 1.67 \times 10^{-27} = 4.4 \times 10^{-40}$$

と計算され,万有引力はクーロン力に比べ極めて小さい.

参考 **分子間力と核力** 2 つの原子,分子あるいはイオンの間に働く力を**分子間力**,核子の間に働く力を**核力**という.大きさの尺度はまるで違うが,両者は共通の性質をもち距離 r が小さいときは斥力,r が大きいときは引力となる.力 F をポテンシャル $U(r)$ で表し $F = -dU/dr$ とすると,ポテンシャルは図 10.8, 10.9 のようになる.分子間ポテンシャルでは横軸,縦軸の尺度は Å ($= 10^{-10}$m), eV であるが核力ポテンシャルでは 10^{-15}m, MeV となる.

2 つの原子の間に働く力を原子間力という場合がある.

オーダーにして,**図 10.8** の横軸の尺度を 10^{-5} 倍,縦軸のを 10^6 倍すれば**図 10.9** のようになる.これからわかるように核力は化学的な力に比べると圧倒的に大きい.このため強い相互作用とよばれる.

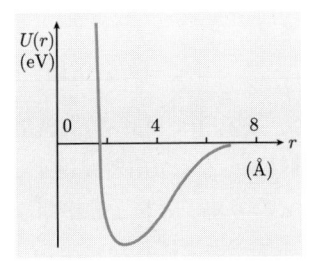

図 10.8 分子間ポテンシャル   図 10.9 核力ポテンシャル

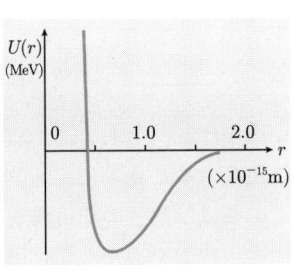

クライン-ゴルドン方程式の定常解

核力と関連し，クライン-ゴルドン方程式 (10.2) (p.134) の定常解を考えよう．∇^2 がラプラシアン Δ に等しいことに注意し

$$\kappa = \frac{mc}{\hbar} \tag{10.10}$$

で κ を定義すると，定常解に対する式は

$$\Delta \psi = \kappa^2 \psi \tag{10.11}$$

と表される．ここで ψ はある点 O からの距離 r だけに依存すると仮定し，p.85 の ⑧ を使うと次式が得られる．

$$\frac{d^2\psi}{dr^2} + \frac{2}{r}\frac{d\psi}{dr} = \kappa^2 \psi \tag{10.12}$$

(10.12) の解は次のようになる（演習問題 3）．

$$\psi = A\frac{e^{-\kappa r}}{r} \quad (A \text{ は定数}) \tag{10.13}$$

クーロンポテンシャルと湯川ポテンシャル

(10.13) で $\kappa = 0$ とおけば $\psi = A/r$ となりこれはクーロンポテンシャルを表す．これに対し，(10.13) を湯川ポテンシャルあるいは遮蔽されたクーロンポテンシャルという．κ の逆数は長さの次元をもつのでこれを l とする．すなわち

$$l = \frac{1}{\kappa} = \frac{\hbar}{mc} \tag{10.14}$$

とする．図 **10.9** で実線は湯川ポテンシャルを表すが，$r \gg l$ で ψ は 0 とみなせ，l は力の到達距離となる．

湯川理論

1934 年，湯川秀樹は，核力はある種の粒子が存在するため起こるとし，その質量を推定した．(10.14) を適用すると

$$m = \frac{\hbar}{lc} \tag{10.15}$$

が導かれる．l として図 **10.8** の $l = 2 \times 10^{-15}$ m を (10.15) に代入すると $m = 1.7 \times 10^{-28}$ kg となる（演習問題 4）．この質量は電子の 200 倍程度となり電子と核子の中間なので，核力をもたらす粒子は**中間子**とよばれた．

---

*ψ が t によらないときこれを**定常解**という．*

κ は長さの逆数の次元をもつことに注意せよ．

核力は次ページに示すように π 中間子によって生じるが，π 中間子はクライン-ゴルドン方程式で記述される．

*l を**遮蔽距離**という．*

湯川秀樹（1907-1981）は中間子の理論的予言の業績によりノーベル物理学賞を受賞した．

10.5 核力

参考　核力とπ中間子　現代物理学の考え方では，粒子間に力が働くとき，その力を媒介する何らかの素粒子が存在する．核子間の核力の場合，力の媒介となるのは **π中間子** である．π中間子には電荷 e をもつ π^+，その反粒子である π^-，それと電荷をもたない π^0 の 3 種類があって，これらが核子の間でやりとりされることによって，核力が生じる．例えば，p が π^+ を出して n となり，この π^+ を n が吸収し p となる．また，n は π^- を出して p となり，p はこの π^- を吸収して n となる．すなわち

$$p \rightleftarrows n + \pi^+, \quad n \rightleftarrows p + \pi^-$$

の変換によって，陽子，中性子間に核力が働く [図 10.11(a)]．同様に，同図 (b), (c) のように，π^0 の交換によって p, p 間または n, n 間の核力が生じる．

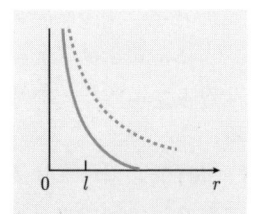

図 10.10　クーロンポテンシャル (点線) と湯川ポテンシャル (実線)

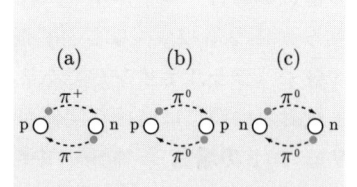

図 10.11　核力と π 中間子

電子と電子の間のクーロン力では光子が力の媒介となり，1 つの電子が光子を放出し，それを他の電子が吸収するという光子の交換によってクーロン力が生じる．

=========== **ノーベル物理学賞と大学受験** ===========

　著者は旧制最後の教育を受けた世代に属する．旧制では高校，大学がそれぞれ 3 年であったが，湯川博士がノーベル賞を受賞されたのは著者が旧制一高の 3 年生のときであった．当日の日記には次のように書かれている．「今日は実に記念すべき日だ．いうまでもなく湯川博士にノーベル賞が授与されることが確定したからである．僕も物理を志す者として，かかる先輩を得たのを幸いとしたい」．その前から大学の物理学科を受験するつもりであったが，ノーベル賞の影響で数学科を志望していたのに急に物理に転向した人もいた．大学に合格した後，当時物理教室主任だった山内恭彦先生から「諸君が物理学科を志望したのは湯川効果であろう」というコメントがあった．

1949 年 11 月 4 日の新聞にはストックホルム 3 日発 UP = 共同の記事として，スウェーデン科学学士院は 3 日 1949 年度のノーベル物理学賞を湯川秀樹に授与する旨の報道があった．

10.6 素粒子の性質

スピンと量子統計 素粒子を特徴づける物理量としてまず質量，電荷がある．電荷は 0 か ±(整数)e のどれかの値をとる．次に素粒子の自転に相当する**スピン**角運動量（あるいは単に**スピン**）がある．これを通常 S の記号で表す．S の x, y, z 成分を S_x, S_y, S_z と書くと，S_z の固有値は $\hbar$ の単位で

$$-S, -S+1, -S+2, \cdots, S-1, S \qquad (10.16)$$

となる．その個数は $(2S+1)$ である．S が 0 あるいは正の整数の場合，粒子はボース粒子（ボソン）であり，また S が $1/2, 3/2, \cdots$ などの半整数のとき，粒子はフェルミ粒子（フェルミオン）である．このようにスピンと量子統計との間には密接な関係がある．

$S = 1/2$ の場合 陽子，中性子，電子，ニュートリノなどの S はいずれも $1/2$ であり，これらはすべてフェルミオンである．この場合の S は④ (p.135) のパウリ行列で与えられ

$$S = \frac{\hbar}{2}\sigma \qquad (10.17)$$

が成り立つ．σ_z の固有値は 1 または -1 であるが，前者はスピン上向き，後者はスピン下向きの状態である．これらは，以下の 2 次元の列ベクトルで表される．

$$\begin{bmatrix} 1 \\ 0 \end{bmatrix}, \quad \begin{bmatrix} 0 \\ 1 \end{bmatrix} \qquad (10.18)$$

アイソスピン 陽子と中性子を核子の 2 つの状態とみなし (10.18) に相当して次のように表す．

$$\mathrm{p} = \begin{bmatrix} 1 \\ 0 \end{bmatrix}, \quad \mathrm{n} = \begin{bmatrix} 0 \\ 1 \end{bmatrix} \qquad (10.19)$$

このようにして導入されたスピンを**アイソスピン**という．すなわち，核子はアイソスピン $I = 1/2$ の粒子で，陽子は $I_3 = 1/2$，中性子は $I_3 = -1/2$ に対応する．

素粒子の質量の単位として MeV を使う．例えば電子，陽子の質量はそれぞれ 0.51 MeV, 938 MeV である．

ここの σ_z は p.100 の脚注で述べた σ に相当する．

アイソスピンを I，z 成分を I_3 と書くことが慣習になっている．

10.6 素粒子の性質

例題 7 前節で述べたように，π 中間子には π^+（電荷 e，スピン 0），π^-（π^+ の反粒子，電荷 $-e$，スピン 0），π^0（電荷 0，スピン 0）の 3 種類がある．$\pi^\pm$ と π^0 の質量はほとんど同じであり，これらはアイソスピン $I=1$ の状態に属すると考えられる．アイソスピンを記述する空間を**アイソスピン空間**というが，この空間で $\pi^\pm$ と π^0 を表す (10.19) に相当する表式を導け．また，アイソスピン空間で上下を逆にすると π 中間子はどのような変換を受けるか．

$\pi^\pm$ の質量は **139.6MeV**，π^0 の質量は **135.0MeV** である．なお，π^0 の反粒子は π^0 に等しい．

解 アイソスピン空間で I_3 を行列の形で表現すると

$$I_3 = \begin{bmatrix} 1 & 0 & 0 \\ 0 & 0 & 0 \\ 0 & 0 & -1 \end{bmatrix}$$

$S=1$ の場合，通常の空間で S_z を表現すると左のような行列となる．

と書け，$\pi^\pm, \pi^0$ は (10.19) に相当し次のようになる．

$$\pi^+ = \begin{bmatrix} 1 \\ 0 \\ 0 \end{bmatrix}, \quad \pi^0 = \begin{bmatrix} 0 \\ 1 \\ 0 \end{bmatrix}, \quad \pi^- = \begin{bmatrix} 0 \\ 0 \\ 1 \end{bmatrix} \quad ⑩$$

アイソスピン空間で上下を逆にするには，⑩でも同様な操作を行えばよい．その結果，π^0 は不変で $\pi^+ \rightleftarrows \pi^-$ の変換が起こる．

補足 **K 中間子とラムダ粒子** 高エネルギーの発展途上，K 中間子が発見され，K^+ と K^0 は陽子と中性子のようにアイソスピン $I=1/2$ の素粒子であることがわかった．K^+ は電荷 e，スピン 0 の素粒子でその反粒子は K^- である．一方，K^0 は電荷 0，スピン 0 の素粒子で，その反粒子は $\overline{K}^0$ と書け，これは K^0 に等しくない．同様に，加速器実験でラムダ粒子 Λ^0 が発見された．Λ^0 は電荷 0，スピン 1/2 の素粒子でそのアイソスピンは 0 であることが明らかになった．また，次の反応

$$\pi^+ + n \longrightarrow \Lambda^0 + K^+$$

K^+ の質量は **493.7MeV**，K^0 のは **497.7MeV** である．

が起こる．アイソスピン空間で上下を逆転させると，これまで述べてきた点からわかるように，上の反応は

$$\pi^- + p \longrightarrow \Lambda^0 + K^0$$

と書ける．以上の 2 つの反応は同じものを違った立場から考えたものに過ぎないことになる．同様な結果が

$$\pi^0 + n \longrightarrow \Lambda^0 + K^0, \quad \pi^0 + p \longrightarrow \Lambda^0 + K^+$$

の反応の場合にも適用できる．

レプトン　電子の仲間を総称してレプトンとよび，これには電子，μ 粒子，τ 粒子，ニュートリノが含まれる．ニュートリノは電子型，μ 型，τ 型の3種類に分類され，それぞれ ν_e, ν_μ, ν_τ と表される．電子型ニュートリノは基本的に電子だけと反応し，それ以外の粒子とは反応しない．同様に，μ 型は μ 粒子，τ 型は τ 粒子だけと反応する．レプトンはすべてスピン 1/2 のフェルミオンである．μ 粒子は次の π 中間子の変換によって生じる．

$$\pi^+ \longrightarrow \mu^+ + \nu_\mu \quad (2.60 \times 10^{-8}\text{s}) \quad (10.20\text{a})$$

$$\pi^- \longrightarrow \mu^- + \bar{\nu}_\mu \quad (2.60 \times 10^{-8}\text{s}) \quad (10.20\text{b})$$

括弧内の数字は平均寿命を表す．なお，π^0 は次のように2個の光子に変わる．

$$\pi^0 \longrightarrow \gamma + \gamma \quad (0.8 \times 10^{-16}\text{s}) \quad (10.21)$$

ゲージボソン　電磁場，波動関数の適当な変換により物理理論が不変に保たれる性質を**ゲージ不変性**という．ゲージ不変性を実現するにはゲージ場が必要となるがゲージ場に伴う粒子を**ゲージボソン**という．ゲージボソンはスピン 1 をもつボソンで，各種の相互作用の媒介となる．ゲージボソンとして γ（光子），g（グルーオン），正あるいは負の電荷をもつ W ボソン W^+, W^- と電荷をもたない Z ボソン Z^0 がある．3つとも質量は大きく，陽子の 100 倍程度で，弱い相互作用の仲立ちをするので**ウィークボソン**とよばれる．グルーオンは次節で述べるクォークを結び付ける「にかわ」の役割を果たす素粒子で強い相互作用と関係がある．

10.5 節（p.145）の脚注で光子の交換で電子間にクーロン力が生じる点に注意した．光子はスピン 1 であるが，質量が 0 であるため，偏りが進行方向に垂直な横波だけが粒子として振る舞い，縦波がエネルギーを運ぶことはない．光が進むとき，右まわりと左まわりの2つの円偏光があるが，これはスピンが 1 である事情を反映する．

レプトンはギリシア語で軽いという意味をもつ．μ 粒子は 105.7 MeV の質量で陽子より軽いが，τ 粒子は 1777 MeV で陽子の2倍程度重い．この粒子は 1975 年加速器実験により発見された．μ 粒子は発見当時湯川の中間子と混同され μ 中間子とよばれた．

ゲージ不変性は相対性理論がローレンツ不変性をもつことと似ている．

W^- は W^+ の反粒子である．

10.6 素粒子の性質

参考 ハドロン 強い相互作用をする素粒子をハドロン，そのうちのボソンをメソン（中間子），フェルミオンをバリオンという．これまで話題となった π^+, π^0, π^-, K^+, K^0 などはメソンの例である．また，バリオンは核子およびそれより重い素粒子で重粒子ともよばれる．陽子，中性子，Λ 粒子，Σ 粒子，Δ 粒子，Ξ 粒子などがバリオンに属する．なお，素粒子の一覧表は例えば理科年表に記載されているので参考にせよ．

> ハドロン，バリオンの語源はギリシア語で前者は太い，後者は重いという意味である．

補足 素粒子反応の保存量 光子，ニュートリノ，電子，陽子を除いた素粒子は一般に不安定で他の粒子に崩壊する．例えば

$$\pi^+ \longrightarrow \mu^+ + \nu_\mu, \quad \mu^+ \longrightarrow e^+ + \nu_e + \overline{\nu}_e \qquad ⑪$$

といった反応が起こる．また，素粒子は他の素粒子と反応して，新しい素粒子になったりする．このような素粒子の変化を**素粒子反応**という．反応の前後でエネルギー，運動量，角運動量，電荷などが保存される．

参考 レプトン数，バリオン数 電子型の粒子に注目し e^- に 1，e^+ に -1，ν_e に 1，$\overline{\nu}_e$ に -1 を対応させ他のレプトンに 0 を対応させた数を**電子数**という．同様に，μ 型の粒子の場合 $(\mu^-, \mu^+, \nu_\mu, \overline{\nu}_\mu)$ に $(1, -1, 1, -1)$ を対応させ他のレプトンに 0 を対応させた数を **μ 粒子数**，τ 型では $(\tau^-, \tau^+, \nu_\tau, \overline{\nu}_\tau)$ に $(1, -1, 1, -1)$ を対応させ他のレプトンに 0 を対応させた数を **τ 粒子数**という．電子数，μ 粒子数，τ 粒子数の和を**レプトン数**というが，その和は反応の保存量である．

バリオンに 1，その反粒子に -1，それ以外には 0 を対応させた数を**バリオン数**といい，B と書く．反応の前後でバリオン数は保存される．⑪ではバリオンは含まれず，$0 = 0$ となる．また (10.7)（p.142）では左辺，右辺とも $B = 1$ である．

> レプトンになぜ電子型，μ 型，τ 型の 3 種類が存在するかは素粒子物理学の謎である．

> ⑪の左側ではレプトン数が $0 = -1 + 1$，右側では $-1 = -1 + 1 - 1$ となる．

補足 奇妙さ，超電荷 従来からの素粒子（旧粒子）の陽子，中性子，電子，π 中間子などに比べ加速器で作られた素粒子（新粒子）には奇妙な振る舞いが多く，それを記述するため**奇妙さ**（記号 S）が導入された．例えば，Λ 粒子，Σ 粒子では $S = -1$，Ξ 粒子では $S = -2$ である．また，$Y = B + S$ で与えられる Y を**超電荷**という．e を単位として表した素粒子の電荷を Q とすれば，Q は反応の保存量で次の関係が成り立つ．

$$Q = I_3 + Y/2 \qquad ⑫$$

> 旧粒子の場合には $S = 0$ となる．

> ⑫の例については演習問題 5 を参照せよ．

10.7 クォーク

素粒子の分類 素粒子はレプトン，ゲージボソン，ハドロンの3種に分類される．このうち前者の2種は文字通りの素粒子でそれ以上分割できないと考えられている．これに対し，ハドロンは内部構造をもち，**クォーク**という基本粒子が複数個集まったものとされる．この基本粒子は1964年ゲルマンによって導入された．

クォーク ハドロンの内，メソンはボソン，バリオンはフェルミオンである．一般に，偶数個のフェルミオンの複合粒子はボソン，奇数個のフェルミオンの複合粒子はフェルミオンとなる．クォークをスピン $\hbar/2$ のフェルミオンと考えるのでメソン，バリオンはそれぞれ2個，3個のクォーク（または反クォーク）の複合粒子となる．

素粒子の分類に世代という概念があり，いまのところこの世代は3代にわたると考えられている．各世代に属するレプトン，クォークの電荷とその記号を次に示す．

> ゲルマン（1929- ）はアメリカの理論物理学者で素粒子物理学の業績により1969年ノーベル物理学賞を受賞した．

> 素粒子を英字で表すときイタリック記号ではなくローマン記号を用いる．

表 10.2 世代とレプトン，クォーク

	電荷	第1世代	第2世代	第3世代
レプトン	0	ν_e	ν_μ	ν_τ
	$-e$	e	μ	τ
クォーク	$\frac{2}{3}e$	u	c	t
	$-\frac{1}{3}e$	d	s	b

クォークは，$2e/3$, $-e/3$ という半端な電荷をもつが，u はアップ (up)，c はチャーム (charm)，t はトップ (top)，d はダウン (down)，s はストレンジ (strange)，b はボトム (bottom) の略である．メソンはクォークと反クォークの複合粒子で，例えば π^+ は u$\bar{\text{d}}$ と表される．その電荷は $2e/3 + e/3 = e$ となる．同じように，p, n はそれぞれ uud, udd と書ける（図 10.12）．これらの電荷はそれぞれ e, 0 と計算される．

例題 8 加速器実験により，陽子や中性子の中には硬い点状の粒子が存在し，点状粒子の電荷の 2 乗の和は，陽子ではほぼ e^2，中性子ではほぼ $2e^2/3$ であることがわかった．この実験結果と図 10.12 で示した核子のクォーク構成とを比較せよ．

解 u クォークが $2e/3$，d クォークが $-e/3$ の電荷をもつことに注目すると，点状粒子の電荷の 2 乗の和は陽子の場合

$$\left(\frac{2e}{3}\right)^2 + \left(\frac{2e}{3}\right)^2 + \left(-\frac{e}{3}\right)^2 = e^2$$

となる．また，中性子のときには

$$\left(\frac{2e}{3}\right)^2 + \left(-\frac{e}{3}\right)^2 + \left(-\frac{e}{3}\right)^2 = \frac{2}{3}e^2$$

と計算され，クォーク構成の考えは実験と見事な一致を示すことがわかる．

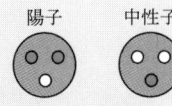

図 10.12　核子のクォーク構成
● u クォーク　○ d クォーク
陽子の構成は uud　中性子の構成は udd

=== **クォークの命名** ===

多種の素粒子を少数の基本的な粒子の組合せで記述しようとするいろいろな試みがあった．例えば 1956 年に提唱された坂田模型はその一例である．1964 年，ゲルマンとツワイクは独立にハドロンは 3 種の基本粒子から構成されると提案し，ゲルマンはこれをクォーク，ツワイクはエースと名付けた．現在ではクォークという命名が定着した．クォークに u クォーク，d クォーク，s クォークなどの種類があることを，クォークにはフレーバー（香り）があるといったりする．

クォークという言葉はジェームス・ジョイスの小説「フィンネガンの徹夜祭」に出てくる「Three quarks for Muster Mark!」に由来していて海鳥の鳴き声を意味するそうである．日本語でいえば「クワックワックワッ」というところか．3 という点を重視したのであろうが，ゲルマンは多分遊び心でこのような命名をしたに違いない．それが物理用語になろうとは，世の中面白いものだ．

ジェームス・ジョイス（1882-1941）はアイルランドの小説家である．

演習問題 第10章

1. クライン-ゴルドン方程式はローレンツ変換に対して不変であることを証明せよ．
2. 自由電子に対するディラック方程式 (10.5)（p.136）を用いてエネルギー固有値 E を求めよ．
3. クライン-ゴルドン方程式の定常解が ψ が r だけに依存するとき
$$\psi = A\frac{e^{-\kappa r}}{r}$$
と書けることを示せ．
4. 核力の到達距離が 2×10^{-15}m と仮定して，核力を伝える粒子の質量を計算せよ．
5. K 中間子の K^+, K^0 はアイソスピン 1/2 に属し，その奇妙さは 1 である．これらの超電荷を求め，実際の電荷が導かれることを示せ．

   > K 中間子は 1947 年宇宙線中で発見された．

6. クォーク理論の初期段階では下表の u, d, s でハドロンが構成されているとした．各クォークと反クォークの電荷 Q, バリオン数 B, アイソスピンの z 成分 I_3, 奇妙さ S を表示してある．複合粒子のこれらの量は各基本粒子の量の代数和であると仮定して，$K^-(=\bar{u}s)$, $\Sigma^+(=uus)$ の諸量を求めよ．

   > Q の単位は電気素量 e である．

クォーク	Q	B	I_3	S
u	2/3	1/3	1/2	0
d	−1/3	1/3	−1/2	0
s	−1/3	1/3	0	−1
$\bar{u}$	−2/3	−1/3	−1/2	0
$\bar{d}$	1/3	−1/3	1/2	0
$\bar{s}$	1/3	−1/3	0	1

演習問題略解

第1章

1 (a) 落下距離 s と時間 t との間には
$$s = \frac{1}{2}gt^2 \quad \therefore \quad t = \sqrt{\frac{2s}{g}}$$
が成り立つ．数値を代入すると次の結果が得られる．
$$t = \sqrt{\frac{2 \times 30\,\mathrm{m}}{9.81\,\mathrm{m \cdot s^{-2}}}} = 2.47\,\mathrm{s}$$
(b) 物体の速さ v は $v = gt$ と書けるので，次のように計算される．
$$v = 9.81\,\mathrm{m \cdot s^{-2}} \times 2.47\,\mathrm{s} = 24.2\,\mathrm{m/s}$$

2 人工衛星の質量を m，その速さを v，地球の半径を a，その質量を M，万有引力定数を G とすれば，人工衛星に働く向心力は地球による万有引力に等しいから
$$m\frac{v^2}{a} = G\frac{mM}{a^2}$$
が成り立つ．$g = GM/a^2$ と書け，よって第一宇宙速度に対する $v_1^2 = ga$ が導かれる．これから② (p.5) が得られる．

3 (a) x, p は次のように表される．
$$x = a\sin(\omega t + \alpha), \quad p = m\frac{dx}{dt} = ma\omega \cos(\omega t + \alpha)$$
(b) $\cos^2(\omega t + \alpha) + \sin^2(\omega t + \alpha) = 1$ を利用し e は
$$e = \frac{p^2}{2m} + \frac{m\omega^2 x^2}{2} = \frac{m\omega^2 a^2}{2}$$
と計算される．

4 クーロン力の大きさは次のようになる．
$$F = 9.00 \times 10^9 \frac{\mathrm{N \cdot m^2}}{\mathrm{C^2}} \times \frac{2 \times 10^{-6} \times 3 \times 10^{-6}\,\mathrm{C^2}}{(0.2\,\mathrm{m})^2} = 1.35\,\mathrm{N}$$

5 $\mathrm{div}\,\boldsymbol{E} = 0, \mathrm{div}\,\boldsymbol{H} = 0$ から $\boldsymbol{k} \cdot \boldsymbol{E} = 0$, $\boldsymbol{k} \cdot \boldsymbol{H} = 0$ が得られ，$\boldsymbol{E}, \boldsymbol{H}$ は $\boldsymbol{k}$ に垂直であることがわかる．一方，例えば $\mathrm{rot}\,\boldsymbol{E}$ の x 成分をとると
$$(\mathrm{rot}\,\boldsymbol{E})_x = \frac{\partial E_z}{\partial y} - \frac{\partial E_y}{\partial z} = E_{0z}\frac{\partial e^{i(\omega t - \boldsymbol{k} \cdot \boldsymbol{r})}}{\partial y} - E_{0y}\frac{\partial e^{i(\omega t - \boldsymbol{k} \cdot \boldsymbol{r})}}{\partial z}$$
$$= -ik_y E_{0z} e^{i(\omega t - \boldsymbol{k} \cdot \boldsymbol{r})} + ik_z E_{0y} e^{i(\omega t - \boldsymbol{k} \cdot \boldsymbol{r})} = -i(\boldsymbol{k} \times \boldsymbol{E})_x$$
となり，y, z 成分でも同様の関係が成り立つ．したがって $\mathrm{rot}\,\boldsymbol{E} = -i(\boldsymbol{k} \times \boldsymbol{E})$ となる．こうして $\mathrm{rot}\,\boldsymbol{E} + \mu \partial \boldsymbol{H}/\partial t = 0$ から $-i(\boldsymbol{k} \times \boldsymbol{E}) + \mu i \omega \boldsymbol{H} = 0$ が得られる．すなわち
$$-(\boldsymbol{k} \times \boldsymbol{E}) + \mu \omega \boldsymbol{H} = 0 \tag{1}$$

が導かれる．同様に次式が求まる．
$$(\boldsymbol{k} \times \boldsymbol{H}) + \varepsilon\omega \boldsymbol{E} = 0 \qquad (2)$$
(1) から $\boldsymbol{H}$ を解き，(2) に代入して $\boldsymbol{H}$ を消去すると
$$\varepsilon\mu\omega^2 \boldsymbol{E} = -\boldsymbol{k} \times (\boldsymbol{k} \times \boldsymbol{E})$$
となる．一般に，ベクトル $\boldsymbol{A}, \boldsymbol{B}, \boldsymbol{C}$ に対し
$$\boldsymbol{A} \times (\boldsymbol{B} \times \boldsymbol{C}) = (\boldsymbol{A} \cdot \boldsymbol{C})\boldsymbol{B} - (\boldsymbol{A} \cdot \boldsymbol{B})\boldsymbol{C}$$
が成り立ち，$\boldsymbol{k} \cdot \boldsymbol{E} = 0$ に注意すると $\boldsymbol{E}$ に対する
$$\varepsilon\mu\omega^2 \boldsymbol{E} = k^2 \boldsymbol{E}$$
となる．光速 c は $c^2 = 1/\varepsilon\mu$ で与えられるので $\omega = ck$ となる．$\boldsymbol{k}$ は電磁波の進行方向であるが，以上の議論から $\boldsymbol{E}, \boldsymbol{H}$ は上の図のように表されることがわかる．

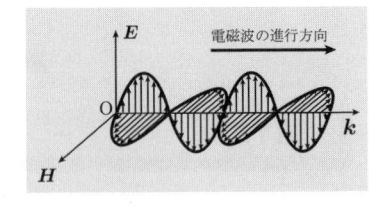

6 F の定義式から以下のように計算される．
$$dF = dU - TdS - SdT = -pdV + TdS - TdS - SdT$$
$$= -pdV - SdT$$

第2章

1 地球は 24 時間で自転するので，その自転の角速度は
$$\omega = \frac{2\pi}{24 \times 60 \times 60 \text{s}} = 5.27 \times 10^{-5}/\text{s}$$
と計算される．赤道上で自転による速さは最大となり地球の半径を $a (= 6.37 \times 10^6 \text{m})$ とすれば，自転による速さ $v_\text{自}$ は
$$v_\text{自} = a\omega = 6.37 \times 10^6 \text{m} \times 5.27 \times 10^{-5}/\text{s} = 4.63 \times 10^2 \text{m/s}$$
と表される．一方，地球は太陽のまわりを回っているが，太陽，地球間の距離 (1天文単位) を 1.5×10^{11} m，1 年 $= 365$ 日として公転の速さ $v_\text{公}$ を求めると
$$v_\text{公} = \frac{2\pi \times 1.5 \times 10^{11}}{365 \times 24 \times 60 \times 60} \frac{\text{m}}{\text{s}} = 2.99 \times 10^4 \frac{\text{m}}{\text{s}}$$
となる．$v_\text{公} \gg v_\text{自}$ であるので $v \simeq v_\text{公}$ としてよい．光速は $c = 3.00 \times 10^8$ m/s であるから $\beta = v/c$ は $\beta = 1.0 \times 10^{-4}$ と求まる．

2 図 2.1 で O では P からくる光と Q からくる光が干渉するので，両者の作る干渉じまが観測される．MQ の方向が v の方向から，これに垂直になるまで装置全体を回したとすれば干渉じまが移動するはずである．β は 10^{-4} という程度で (2.2) からわかるように時間差は $\beta^2 \sim 10^{-8}$ という微小量であるが，光学では精密測定ができるので，この程度の差は検出可能である．こうして，マイケルソン-モーリーの実験はエーテルの存在の否定という結果をもたらした．

3 波数空間で k は格子定数 $2\pi/L$ の単純立方格子上の格子点として表される（右図）．1辺の長さ $2\pi/L$ のサイコロをたくさん積み上げたとすれば，その頂点が可能な k の値を与える．そこで，各サイコロの1つの頂点に印をつけ印は重ならないようにすれば印は右図のような格子を構成し，サイコロと格子点とは1対1の対応をもつ．この点に注意すると，波数空間中の微小体積 dk に含まれる格子点の数（状態数）は，dk をサイコロの体積 $(2\pi/L)^3$ で割り次のように書ける．

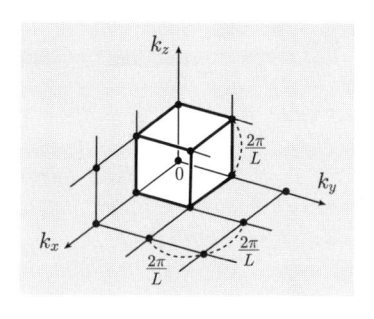

$$\frac{dk}{(2\pi/L)^3} = \frac{V}{(2\pi)^3}dk$$

波数ベクトルの大きさが $k \sim k+dk$ の範囲にある領域は，波数空間では原点を中心として半径が k と $k+dk$ の球に挟まれた部分となる．この部分の体積は，球の表面積 $4\pi k^2$ と dk の積に等しい．したがって，上式で $dk = 4\pi k^2 dk$ とおき，$k \sim k+dk$ の範囲内の状態数は $Vk^2 dk/(2\pi^2)$ となる．また，k の方向に進行する電磁波では，k と垂直な2つの独立な方向で電場が振動できる．この2つの自由度を考慮すると，上の範囲内にある調和振動子の数はこれを2倍し $Vk^2 dk/\pi^2$ となる．$\omega = ck$ と書け，$\omega = 2\pi\nu$ であるから $k = 2\pi\nu/c$ となる．これを上式に代入すると，振動数が $\nu \sim \nu+d\nu$ の範囲内の状態数 $g(\nu)d\nu$ は

$$g(\nu)d\nu = \frac{V}{\pi^2}\frac{4\pi^2\nu^2}{c^2}\frac{2\pi d\nu}{c} = \frac{8\pi V}{c^3}\nu^2 d\nu$$

と書ける．1次元調和振動子のエネルギーの平均値は p.9 の⑫により $k_B T$ に等しいから，上式に $k_B T$ を掛けると (2.3) のレイリー–ジーンズの放射法則が導かれる．

4 $\lambda_m = 1.1 \times 10^{-3}$ m を問題文中のウィーンの変位則に代入すると $T = 2.63$ K が得られる．

5 V, T の気体を断熱膨張させ V', T' にしたとすれば $TV^{\gamma-1} = T'V'^{\gamma-1}$ が成り立つ．したがって $T'/T = (V/V')^{\gamma-1}$ となる．$V' = 5V, \gamma-1 = 0.4$ とすると $T'/T = 0.53$ と計算される．$T = 27°\text{C} = 300$ K を代入すると T' は $T' = 159$ K $= -114°\text{C}$ となる．

6 光の振動数は $\nu = (3 \times 10^8/600 \times 10^{-9})$Hz $= 5 \times 10^{14}$Hz で E は

$$E = 6.63 \times 10^{-34} \times 5 \times 10^{14} \text{ J} - 1.38 \times 1.60 \times 10^{-19} \text{ J} = 1.11 \times 10^{-19} \text{ J}$$

となる．これを eV で表すと $E = 0.694$ eV である．また，光電子の速さ v は

$$v = \left(\frac{2E}{m}\right)^{1/2} = \left(\frac{2 \times 1.11 \times 10^{-19} \text{kg} \cdot \text{m} \cdot \text{s}^{-2}}{9.11 \times 10^{-31} \text{ kg}}\right)^{1/2} = 4.94 \times 10^5 \text{m/s}$$

と計算される．

第3章

1 見かけ上の長さ l' は次のように計算される．
$$l' = \sqrt{1 - 0.99^2} \text{ m} = 0.141 \text{ m}$$

2 $\text{ch}^2\theta - \text{sh}^2\theta = \dfrac{(e^\theta + e^{-\theta})^2}{4} - \dfrac{(e^\theta - e^{-\theta})^2}{4} = \dfrac{2}{4} + \dfrac{2}{4} = 1$

3 2×2 の行列 A を
$$A = \begin{bmatrix} \text{ch}\,\theta & -\text{sh}\,\theta \\ -\text{sh}\,\theta & \text{ch}\,\theta \end{bmatrix}$$
と定義すれば，③（p.31）のローレンツ変換は
$$\begin{bmatrix} x' \\ ct' \end{bmatrix} = A \begin{bmatrix} x \\ ct \end{bmatrix}$$
と書ける．上式から A の逆行列を A^{-1} とすれば
$$\begin{bmatrix} x \\ ct \end{bmatrix} = A^{-1} \begin{bmatrix} x' \\ ct' \end{bmatrix}$$
と表される．ここで A^{-1} を $A^{-1} = \begin{bmatrix} \text{ch}\,\theta & \text{sh}\,\theta \\ \text{sh}\,\theta & \text{ch}\,\theta \end{bmatrix}$ と仮定すれば
$$AA^{-1} = \begin{bmatrix} \text{ch}\,\theta & -\text{sh}\,\theta \\ -\text{sh}\,\theta & \text{ch}\,\theta \end{bmatrix} \begin{bmatrix} \text{ch}\,\theta & \text{sh}\,\theta \\ \text{sh}\,\theta & \text{ch}\,\theta \end{bmatrix}$$
$$= \begin{bmatrix} \text{ch}^2\theta - \text{sh}^2\theta & 0 \\ 0 & \text{ch}^2\theta - \text{sh}^2\theta \end{bmatrix} = \begin{bmatrix} 1 & 0 \\ 0 & 1 \end{bmatrix}$$
が成り立つので仮定の正しいことがわかる．したがって
$$x = x'\text{ch}\,\theta + ct'\text{sh}\,\theta, \quad ct = x'\text{sh}\,\theta + ct'\text{ch}\,\theta$$
と書け，⑨（p.31）を使うと⑩が導かれる．

4 (a) 地表に達するまでの所要時間 t は次のように計算される．
$$t = \frac{60 \times 10^3 \text{m}}{3 \times 10^8 \times 0.999 \text{ m/s}} = 2 \times 10^{-4} \text{ s}$$

(b) 時間の遅れにより，地上で観測したときの寿命 τ は $\tau = \tau'/\sqrt{1 - 0.999^2} = 22\tau' \simeq 5 \times 10^{-5}$ となって，見かけ上の寿命が大幅に延びる事情がわかる．t は τ の4倍程度となるが，この程度の食い違いはしばしば起こることである．

5 (3.10)（p.34）から $p^2 = m^2 v^2/(1-\beta^2)$ となるが，これを c^2 で割り $\beta^2 = v^2/c^2$ に注意すると $p^2/c^2 = m^2\beta^2/(1-\beta^2)$ が得られる．これから β^2 を解き少々整理すると
$$\frac{1}{\sqrt{1-\beta^2}} = \frac{\sqrt{p^2 + m^2 c^2}}{mc}$$
となる．上式を利用すると (3.12)（p.34）は次のように表される．
$$E = c\sqrt{p^2 + m^2 c^2}$$

6 (3.12) から $E = mc^2(1-\beta^2)^{-1/2} = mc^2(1+\beta^2/2+\cdots)$ で $E = E_0 + mv^2/2 + \cdots$ が得られる．第 1 項は静止エネルギーで，第 2 項はニュートン力学での運動エネルギーを表す．

7 (a) ⑭ (p.35) から $c^2p^2 - E^2 = -m^2c^4$ となる．質点が静止している座標系では $p=0, E=mc^2$ で，このとき左辺の量はちょうど右辺の $-m^2c^4$ に等しい．静止座標系を O 系，質点とともに運動する座標系を O′ 系とみなせば，$c^2p^2 - E^2$ は O 系，O′ 系で同じとなり，ローレンツ不変性を満たすことがわかる．

(b) (a) と逆の筋道をたどれば $c^2p^2 - E^2 = -m^2c^4$ となり，これから演習問題 5 の結果が得られる．

第 4 章

1 (4.5) (p.38) の結果 $\langle e_n \rangle = h\nu/(e^{\beta h\nu}-1)$ で古典的な極限 $\beta h\nu \ll 1$ の場合には $e^{\beta h\nu} \simeq 1 + \beta h\nu$ とおける．こうして，次の結果が得られる．

$$\langle e_n \rangle \simeq \frac{h\nu}{\beta h\nu} = \frac{1}{\beta} = k_\mathrm{B} T$$

2 第 2 章の演習問題 4 (p.26) のウィーンの変位則 $\lambda_\mathrm{m} T = 2.898 \times 10^{-3}\,\mathrm{m\cdot K}$ に $\lambda_\mathrm{m} = 600 \times 10^{-9}\,\mathrm{m}$ を代入すると T は次のように求まる．

$$T = \frac{2.898 \times 10^{-3}\,\mathrm{m\cdot K}}{600 \times 10^{-9}\,\mathrm{m}} = 4830\,\mathrm{K}$$

3 振動数 ν は

$$\nu = \frac{3 \times 10^8}{600 \times 10^{-9}}\,\mathrm{Hz} = 5 \times 10^{14}\,\mathrm{Hz}$$

と表される．したがって，アインシュタインの関係 (4.7) (p.40) により

$$E = h\nu = 6.63 \times 10^{-34}\,\mathrm{J\cdot s} \times 5 \times 10^{14}\,\mathrm{Hz} = 3.32 \times 10^{-19}\,\mathrm{J}$$

$$p = \frac{h}{\lambda} = \frac{6.63 \times 10^{-34}\,\mathrm{J\cdot s}}{600 \times 10^{-9}\,\mathrm{m}} = 1.11 \times 10^{-27}\,\frac{\mathrm{kg\cdot m}}{\mathrm{s}}$$

と計算される．

4 ⑦ (p.43) から V を解くと次のように表される．

$$V = \frac{h^2}{2me\lambda^2}$$

上式に数値を代入し，$\mathrm{J^2 \cdot s^2/kg \cdot C \cdot m^2} = \mathrm{J/C} = \mathrm{V}$ に注意すると V は次のようになる．

$$V = \frac{(6.63 \times 10^{-34})^2\,\mathrm{J^2\cdot s^2}}{2 \times 9.11 \times 10^{-31}\,\mathrm{kg} \times 1.60 \times 10^{-19}\,\mathrm{C} \times (589 \times 10^{-9})^2\,\mathrm{m^2}} = 4.35 \times 10^{-6}\,\mathrm{V}$$

5 図のように，点 P を表すのに座標 x を用いると，$D \gg d, D \gg x$ を仮定しているので

$$\mathrm{S_1 P} = \left[D^2 + \left(x - \frac{d}{2}\right)^2\right]^{1/2} = D\left[1 + \frac{(x-d/2)^2}{D^2}\right]^{1/2}$$

$$\simeq D\left[1+\frac{(x-d/2)^2}{2D^2}\right] = D\left[1+\frac{x^2-xd+d^2/4}{2D^2}\right]$$

となる. S_2P を求めるには上式で $d \to -d$ とおけばよい. すなわち S_2P は

$$S_2P \simeq D\left[1+\frac{x^2+xd+d^2/4}{2D^2}\right]$$

と表される. こうして

$$S_2P - S_1P \simeq \frac{d}{D}x$$

が得られる. S_1P と S_2P はほぼ平行とみなせるので, 上述の差が $0, \pm\lambda, \pm2\lambda, \cdots$ なら山と山, 谷と谷が重なり合成波は明るくなる. 逆にこれが $\pm\lambda/2, \pm3\lambda/2, \pm5\lambda/2, \cdots$ だと山と谷が重なり合成波は暗くなる. こうして以下の条件が得られる.

$$x = \frac{nD}{d}\lambda \qquad (n=0, \pm1, \pm2, \cdots) \quad \cdots 明線$$

$$x = \frac{(2n+1)D}{2d}\lambda \qquad (n=0, \pm1, \pm2, \cdots) \quad \cdots 暗線$$

第5章

1 モル分子数 N_A と電気素量 e との積をファラデー定数といいふつう F と書く. すなわち $F = N_A e$ である. F は $F = 9.6485 \times 10^4 \text{ C·mol}^{-1}$ と求まっている. 水素気体 H_2 のモル数は $2g$ であるから, $1g$ の水素気体は $1/2$ モルでこの中の陽子 (電子) のもつ電気量の大きさは F となる. 燃料電池の起電力を V とすれば, $1g$ の水素が消費されたとき, 生じる電気的なエネルギーは FV と表される. 仮定により, このエネルギーが燃焼熱 141×10^3 J に等しいから, 起電力 V は $V = [(141 \times 10^3)/9.65 \times 10^4]$ V $= 1.46$ V と計算され, 通常の電池の起電力とほぼ同じ値をもつ.

2 $\quad R_\infty = \dfrac{me^4}{8\varepsilon_0^2 ch^3}$

$= \dfrac{9.1094 \times 10^{-31} \times (1.6022 \times 10^{-19})^4}{8 \times (8.8542 \times 10^{-12})^2 \times 2.9979 \times 10^8 \times (6.6261 \times 10^{-34})^3} \text{ m}^{-1}$

$= 1.0974 \times 10^7 \text{ m}^{-1}$

3 電子の陽子に関する相対運動の力学的エネルギー E は $E = \mu v^2/2 - e^2/4\pi\varepsilon_0 r$ と表されるので, 電子が陽子から無限遠に離れていて, 静止しているとき $E = 0$ である. すなわち, 水素原子がイオンになっているときがエネルギーの原点となる. 通常, 水素原子は基底状態にあると考えられ, よって電離化エネルギー E_i は, $\mu \simeq m$ とすれば基底状態のエネルギー $E = -e^2/8\pi\varepsilon_0 a$ の符号を逆転し

$$E_i = \frac{e^2}{8\pi\varepsilon_0 a}$$

と書ける. これに数値を代入すると

$$E_i = \frac{(1.602 \times 10^{-19})^2}{8\pi \times 8.854 \times 10^{-12} \times 0.529 \times 10^{-10}} \text{ J} = 2.18 \times 10^{-18} \text{ J}$$

と計算される．$1\text{eV} = 1.60 \times 10^{-19}\text{J}$ が成り立つので eV 単位で E_i は次のようになる．
$$E_\text{i} = \frac{2.18 \times 10^{-18}}{1.60 \times 10^{-19}}\,\text{eV} = 13.6\,\text{eV}$$

4 電子は xy 面内で半径 r の等速円運動を行うとし，下図左のように電子の位置を表す一般座標として回転角 θ をとる．電子の速度が $r\dot\theta$ と書けることに注意するとラグランジアンは $L = \mu r^2 \dot\theta^2/2 + e^2/4\pi\varepsilon_0 r$ となり，これから θ に共役な一般運動量 p_θ は $p_\theta = \partial L/\partial\dot\theta = \mu r^2 \dot\theta$ と計算される．したがって，$\dot\theta = $ 一定 を使い量子条件は
$$\oint p_\theta d\theta = \mu r^2 \dot\theta (2\pi) = nh$$
と表される．ここで，下図右で示すように θ の変域は $0 \leq \theta \leq 2\pi$ であることを用いた．上の関係は $L = n\hbar$ と等価となり (5.7) が導かれる．

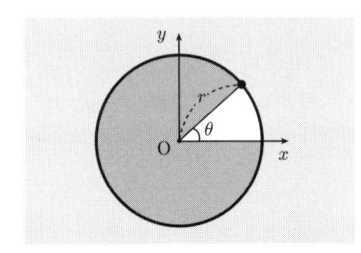

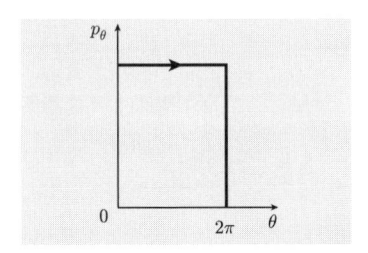

5 $0 < x < L$ の範囲で運動量の大きさ $p\,(>0)$ で運動する質点は，図 (a) で右向きに進み運動エネルギー $E = p^2/2m$ をもつ．質点に外力は働かないと仮定しているのでこの E は一定である．$x = L$ の壁に質点が衝突すると $p \to -p$ となり，衝突後質点は左向きに運動し，$x = 0$ の壁と衝突する．この衝突では，$-p \to p$ と変化し，以後同じ運動を繰り返し，したがって質点の xp 面上での軌道は図 (b) のように表される．この軌道が囲む面積は $2pL$ と書け，量子条件から $2pL = nh$ となる．あるいは $\hbar$ を用いると $pL = n\pi\hbar$ と表される．このため質点のエネルギーは $E = p^2/2m = n^2\pi^2\hbar^2/2mL^2$ と書ける．$n = 0$ では $p = 0$ となり質点は運動しないので，この場合は除外することとする．こうしてエネルギー準位は次のように求まる．量子力学を用いても全く同じ結果が導かれる (7.2 節)．
$$E_n = \frac{n^2 \pi^2 \hbar^2}{2mL^2} \quad (n = 1, 2, 3, \cdots)$$

第 6 章

1 $\partial^2\varphi/\partial t^2 = -\omega^2\varphi,\ \Delta\varphi = -k^2\varphi$ を波動方程式に代入すると $\omega^2 = c^2 k^2$ が得られる．ω, k がともに正とすれば $\omega = ck$ となる．

2 一般に z を複素変数とするとき指数関数 e^z は
$$e^z = 1 + z + \frac{z^2}{2!} + \frac{z^3}{3!} + \cdots$$

で定義される．$z = i\theta$ とおき $i^2 = -1, i^3 = -i, i^4 = 1, \cdots$ の関係を使うと

$$e^{i\theta} = 1 - \frac{\theta^2}{2!} + \frac{\theta^4}{4!} - \cdots + i\left(\theta - \frac{\theta^3}{3!} + \frac{\theta^5}{5!} - \cdots\right) = \cos\theta + i\sin\theta$$

が得られる．

3 粒子のハミルトニアン H は運動エネルギーとポテンシャルの和で

$$H = -\frac{\hbar^2}{2m}\Delta + U(x, y, z)$$

と表される．この H を使うと (6.14) は

$$-\frac{\hbar}{i}\frac{\partial \psi}{\partial t} = H\psi$$

と書ける．ここで $\psi(x, y, z, t) = e^{-iEt/\hbar}\psi(x, y, z)$ を t で偏微分すると

$$-\frac{\hbar}{i}\frac{\partial \psi}{\partial t} = Ee^{-iEt/\hbar}\psi(x, y, z)$$

となる．一方 H は時間とは無関係であるから $H\psi = e^{-iEt/\hbar}H\psi(x, y, z)$ と表される．したがって，$\psi(x, y, z)$ に対する方程式は $H\psi = E\psi$ となり (6.13) が導かれる．

4 例題 5 の結果は

$$\langle Q\psi \mid \varphi \rangle = \langle \psi \mid Q^\dagger \mid \varphi \rangle$$

と書ける．上式からわかるように，ブラ中にある演算子を右に移動すると $\dagger$ の記号がつく．(6.23) (p.72) で $Q = AB$ とおけば

$$\langle \varphi \mid AB \mid \psi \rangle^* = \langle \psi \mid (AB)^\dagger \mid \varphi \rangle$$

である．$AB\mid\psi\rangle$ は $\mid B\psi\rangle$ に A を演算したもので $AB\mid\psi\rangle = A\mid B\psi\rangle$ となる．よって，前式の左辺は $\langle \varphi \mid A \mid B\psi \rangle^* = \langle B\psi \mid A^\dagger \mid \varphi \rangle$ と変形される．ここで B を移動し，ψ の右に移動すれば上式は $\langle \psi \mid B^\dagger A^\dagger \mid \varphi \rangle$ に等しい．すなわち $\langle \varphi \mid AB \mid \psi \rangle^* = \langle \psi \mid B^\dagger A^\dagger \mid \varphi \rangle$ が得られた．φ, ψ は任意であるから $(AB)^\dagger = B^\dagger A^\dagger$ が求まる．ここで，さらに $B \to BC$ とおけば $(ABC)^\dagger = (BC)^\dagger A^\dagger = C^\dagger B^\dagger A^\dagger$ となって題意が示される．なお，同様に n 個の演算子に対し次の関係が成立する．

$$(A_1 A_2 \cdots A_n)^\dagger = A_n^\dagger \cdots A_2^\dagger A_1^\dagger$$

5 (6.23) (p.72) のエルミート共役の定義式 $\langle \varphi \mid Q \mid \psi \rangle^* = \langle \psi \mid Q^\dagger \mid \varphi \rangle$ の共役複素数をとると $\langle \varphi \mid Q \mid \psi \rangle = \langle \varphi \mid (Q^\dagger)^\dagger \mid \psi \rangle$ が求まる．φ, ψ は任意であるから $(Q^\dagger)^\dagger = Q$ が得られる．

6 運動量の x 成分 p_x をとり $\langle \varphi \mid p_x \mid \psi \rangle$ を考えると

$$\langle \varphi \mid p_x \mid \psi \rangle = \left\langle \varphi \left| \frac{\hbar}{i}\frac{\partial}{\partial x} \right| \psi \right\rangle = \int \varphi^* \frac{\hbar}{i}\frac{\partial \psi}{\partial x} dV$$

と書ける．ここで x に関して部分積分を適用すると

$$\langle \varphi \mid p_x \mid \psi \rangle = \frac{\hbar}{i}\int dydz \varphi^* \psi \bigg| - \frac{\hbar}{i}\int \psi \frac{\partial \varphi^*}{\partial x} dV$$

と表される．積分範囲が $-\infty < x < \infty$ のときには $x \to \pm\infty$ で φ, ψ が 0 とすれば

境界からの寄与は 0 となる．あるいは φ, ψ に周期的な境界条件が課せられているときには境界で同じ値が現れるので，境界からの寄与は同様に 0 となる．こうして上式右辺の第 1 項は 0 とおけるので

$$\langle \varphi | p_x | \psi \rangle = \left(\frac{\hbar}{i} \int \psi^* \frac{\partial \varphi}{\partial x} dV \right)^* = \langle \psi | p_x | \varphi \rangle^* = \langle \varphi | p_x^\dagger | \psi \rangle$$

となり，φ, ψ は任意なので $p_x{}^\dagger = p_x$ が成立する．したがって，p_x はエルミート演算子で同様なことが y, z 成分についても成り立つ．

7 ⑮ (p.73) の定義式から Q の行列要素は

$$Q_{mn} = \langle m | Q | n \rangle$$

と表される．これからわかるように，一般に $Q^\dagger$ の行列要素に対し

$$(Q^\dagger)_{mn} = \langle m | Q^\dagger | n \rangle = \langle n | Q | m \rangle^* = (Q_{nm})^*$$

が成り立つ．すなわち，$Q^\dagger$ に相当した行列を求めるには元来の行列を転置し $(m \rightleftarrows n)$，各行列要素の共役複素数をとればよい．こうして得られる行列を共役転置行列という．このような議論からわかるように，演算子 Q を行列で表現した場合，$Q^\dagger$ はその共役転置行列で表される．したがって，Q がエルミート演算子のとき，その行列は共役転置行列に等しい．よって Q がエルミート演算子の場合，対角要素は実数で，対角線に対し対称な行列要素は互いに共役複素数の関係となる．

第 7 章

1 $m = 9.11 \times 10^{-31}$ kg, $\hbar = 1.05 \times 10^{-34}$ J·s, $k = 10^{10}$ m^{-1} を $E = \hbar^2 k^2 / 2m$ に代入すると次のようになる．

$$E = \frac{1.05^5 \times 10^{-68} \text{ J}^2 \cdot \text{s}^2 \times 10^{20} \text{m}^{-2}}{2 \times 9.11 \times 10^{-31} \text{ kg}} = 6.05 \times 10^{-19} \text{ J}$$

$$= \frac{6.05 \times 10^{-19}}{1.60 \times 10^{-19}} \text{ eV} = 3.78 \text{ eV}$$

2 (a) 位置エネルギーが $U(x) = m\omega^2 x^2/2$ と書けるので，エネルギー固有値を E とすればシュレーディンガー方程式は次のように表される．

$$-\frac{\hbar^2}{2m} \frac{\partial^2 \psi}{\partial x^2} + \frac{m\omega^2 x^2}{2} \psi = E\psi$$

(b) $\psi = A \exp(-cx^2)$ から

$$\frac{\partial \psi}{\partial x} = -2Acx \exp(-cx^2), \quad \frac{\partial^2 \psi}{\partial x^2} = 4Ac^2 x^2 \exp(-cx^2) - 2Ac \exp(-cx^2)$$

となるので，これをシュレーディンガー方程式に代入すると

$$-\frac{2\hbar^2 c^2}{m} x^2 + \frac{\hbar^2 c}{m} + \frac{m\omega^2 x^2}{2} = E$$

が得られる．x^2 の係数を 0 とおき c は $c^2 = m^2 \omega^2 / 4\hbar^2$ と求まる．こうして，c と E

は
$$c = \frac{m\omega}{2\hbar}, \quad E = \frac{\hbar\omega}{2}$$
と求まる．上記のエネルギー $\hbar\omega/2$ をゼロ点エネルギーという．

3
$$\Gamma\left(\frac{1}{2}\right) = \int_0^\infty x^{-1/2} e^{-x} dx$$
である．ここで $x = t^2$ とおけば，$dx = 2tdt$ が成り立つので，上式は
$$\Gamma\left(\frac{1}{2}\right) = 2\int_0^\infty \exp(-t^2) dt = \int_{-\infty}^\infty \exp(-t^2) dt$$
と表される．上式を I とおき，I^2 を2重積分のように書けば
$$I^2 = \int \exp(-x^2 - y^2) dx dy$$
が得られる．ここで積分範囲は xy 平面の全体にわたるが，面上で原点を中心とする半径 r と $r+dr$ の同心円に挟まれた部分の面積が $2\pi r dr$ であることに注意すると
$$I^2 = 2\pi \int_0^\infty \exp(-r^2) r dr = -\pi \exp(-r^2)\Big|_0^\infty = \pi$$
となる．$I > 0$ に注意し，I は $\Gamma(1/2)$ であることを使うと次の結果が求まる．
$$\Gamma\left(\frac{1}{2}\right) = \sqrt{\pi}$$

4 波動関数は $\psi = A\exp(-cx^2)$ と書けるので
$$\langle x^{2n}\rangle = A^2 \int_{-\infty}^\infty x^{2n} \exp(-2cx^2) dx = 2A^2 \int_0^\infty x^{2n} \exp(-2cx^2) dx$$
となる．変数変換 $2cx^2 = t, x = t^{1/2}/(2c)^{1/2}, dx = t^{-1/2}dt/2(2c)^{1/2}$ を導入すると
$$\langle x^{2n}\rangle = \frac{A^2}{(2c)^{n+1/2}} \int_0^\infty t^{n-1/2} e^{-t} dt = \frac{A^2}{(2c)^{n+1/2}} \Gamma\left(n + \frac{1}{2}\right)$$
と計算される．規格化の条件は，演習問題2の結果 $2c = m\omega/\hbar$ を利用すると
$$1 = \frac{A^2}{(2c)^{1/2}} \Gamma\left(\frac{1}{2}\right) = \frac{A^2}{(m\omega/\hbar)^{1/2}} \sqrt{\pi}$$
と表される．したがって，規格化された波動関数は
$$\psi(x) = \left(\frac{m\omega}{\hbar\pi}\right)^{1/4} \exp\left(-\frac{m\omega x^2}{2\hbar}\right)$$
で与えられる．また $\langle x^{2n}\rangle$ は
$$\langle x^{2n}\rangle = \frac{1}{(2c)^n \sqrt{\pi}} \Gamma\left(n + \frac{1}{2}\right) = \left(\frac{\hbar}{m\omega}\right)^n \frac{1}{\sqrt{\pi}} \Gamma\left(n + \frac{1}{2}\right)$$
と計算される．

5 $(\Delta r)^2 = \langle r^2 \rangle - \langle r \rangle^2$ と書ける．⑬ (p.87) により
$$\langle r^2 \rangle = 3a^2, \quad \langle r \rangle = \frac{3}{2}a$$
と書けるので，$(\Delta r)^2 = 3a^2/4$ と表される．すなわち，Δr は次のようになる．
$$\Delta r = \frac{\sqrt{3}}{2}a$$

6　(a)　物体の自由落下は古典力学の範囲内で説明できる現象であって，量子効果ではない．
　(b)　古典物理学に基づくレイリー-ジーンズの放射則では 2.3 節で述べたように熱放射の説明がつかない．プランクが量子仮説を導入したのはこの説明のためで，熱放射は量子効果である．
　(c)　電磁波が空間中を伝わるのは量子力学を使わなくても理解でき，量子効果とは無関係である．
　(d)　7.3 節で述べたように，核エネルギーは量子効果の一例であり，古典物理学の範囲では理解することができない．
　(e)　運動物体が見かけ上重く見えるのは，3.4 節で述べたように相対論的な効果であり量子効果ではない．

第 8 章

1　$F(x+a) = \lambda F(x), G(x+a) = \lambda G(x)$ を ⑥ (p.93) に代入すると
$$\alpha\lambda F(x) + \beta\lambda G(x) = (A\alpha + B\gamma)F(x) + (A\beta + B\delta)G(x)$$
となる．$F(x)$ と $G(x)$ とは互いに独立であるから，上の関係が成り立つためには $F(x)$ と $G(x)$ の係数がそれぞれ等しくなければならない．すなわち
$$(A-\lambda)\alpha + B\gamma = 0, \quad (A-\lambda)\beta + B\delta = 0$$
が得られる．同様に ⑦ から
$$C\alpha + (D-\lambda)\gamma = 0, \quad C\beta + (D-\lambda)\delta = 0$$
が導かれる．もし行列式
$$\begin{vmatrix} A-\lambda & B \\ C & D-\lambda \end{vmatrix}$$
が 0 でないと，$\alpha, \beta, \gamma, \delta$ はすべて 0 になってしまい，これは ④，⑤ の $f(x), g(x)$ が 0 であることを意味する．これは矛盾であり，したがって上記の行列式は 0 でなければならない．こうして ⑧ が導かれる．

2　例題 3 (p.99) の結果により，格子定数 a の体心立方格子の格子点は
$$\boldsymbol{R} = \frac{l_2+l_3-l_1}{2}a\boldsymbol{i} + \frac{l_3+l_1-l_2}{2}a\boldsymbol{j} + \frac{l_1+l_2-l_3}{2}a\boldsymbol{k} \tag{1}$$
と書ける．ただし，l_i は 0 および正負の整数で，また $\boldsymbol{i}, \boldsymbol{j}, \boldsymbol{k}$ は x, y, z 軸に沿う単位ベ

クトルである．同様に，格子定数 a の面心立方格子の格子点は

$$R = \frac{m_2+m_3}{2}a\boldsymbol{i} + \frac{m_3+m_1}{2}a\boldsymbol{j} + \frac{m_1+m_2}{2}a\boldsymbol{k} \tag{2}$$

で与えられる．ただし，m_i は 0 および正負の整数である．(2) を用いると格子定数 $4\pi/a$ の面心立方格子が記述する逆格子ベクトル $\boldsymbol{K}$ は

$$\boldsymbol{K} = \frac{m_2+m_3}{a}2\pi\boldsymbol{i} + \frac{m_3+m_1}{a}2\pi\boldsymbol{j} + \frac{m_1+m_2}{a}2\pi\boldsymbol{k} \tag{3}$$

となる．(1), (3) から次式が得られ，$\boldsymbol{K}\cdot\boldsymbol{R} = 2\pi\times$ (整数) であることがわかる．

$$\boldsymbol{K}\cdot\boldsymbol{R} = 2\pi[(l_2+l_3-l_1)(m_2+m_3) + (l_3+l_1-l_2)(m_3+m_1)$$
$$+ (l_1+l_2-l_3)(m_1+m_2)]$$

3 格子定数 $4\pi/a$ の体心立方格子を表す逆格子ベクトル $\boldsymbol{K}$ は (1) で $a \to 4\pi/a$ とおき

$$\boldsymbol{K} = \frac{l_2+l_3-l_1}{a}2\pi\boldsymbol{i} + \frac{l_3+l_1-l_2}{a}2\pi\boldsymbol{j} + \frac{l_1+l_2-l_3}{a}2\pi\boldsymbol{k} \tag{4}$$

と表される．(2) と (4) とのスカラー積をとると演算結果は問題 2 と同じになり，題意の成り立つことがわかる．

4 銀は貴金属で 1 価元素であるから，1 モルの銀中にはモル分子数 6.02×10^{23} 個の電子が含まれる．したがって，電子の数密度 ρ は

$$\rho = \frac{6.02\times10^{23}}{10.3}\,\mathrm{cm}^{-3} = 5.84\times10^{22}\,\mathrm{cm}^{-3} = 5.84\times10^{28}\,\mathrm{m}^{-3}$$

となる．このため，⑬ (p.101) によりフェルミ波数 k_F は

$$k_\mathrm{F} = (3\pi^2\rho)^{1/3} = 1.20\times10^{10}\,\mathrm{m}^{-1}$$

と計算される．国際単位系での数値 $\hbar = 1.055\times10^{-34}\,\mathrm{J\cdot s}$，$m = 9.11\times10^{-31}\,\mathrm{kg}$ を使うとフェルミエネルギー E_F は

$$E_\mathrm{F} = \frac{1.055^2\times10^{-68}\,\mathrm{J^2\cdot s^2}\times1.20^2\times10^{20}\,\mathrm{m}^{-2}}{2\times9.11\times10^{-31}\,\mathrm{kg}} = 8.80\times10^{-19}\,\mathrm{J}$$

で与えられる．あるいは $1\,\mathrm{eV} = 1.60\times10^{-19}\,\mathrm{J}$ を利用すると $E_\mathrm{F} = 5.50\,\mathrm{eV}$ と計算される．また，ボルツマン定数が $k_\mathrm{B} = 1.38\times10^{-23}\,\mathrm{J/K}$ であることに注意するとフェルミ温度 T_F は次式のようになる．

$$T_\mathrm{F} = \frac{8.80\times10^{-19}\,\mathrm{J}}{1.38\times10^{-23}\,\mathrm{J/K}} = 6.38\times10^{4}\,\mathrm{K}$$

5 ヘルムホルツの自由エネルギー F は $F = U - TS$ で定義される．一般に，圧力 p は

$$p = -\left(\frac{\partial F}{\partial V}\right)_N$$

と表されるので，$T=0$ における U を U_0 と書けば絶対零度における圧力は

$$p = -\left(\frac{\partial U_0}{\partial V}\right)_N$$

で与えられる. $\boldsymbol{k}$ 空間で考えると, U_0 は

$$U_0 = \frac{2V}{(2\pi)^3}\int_{k<k_\mathrm{F}}\frac{\hbar^2 k^2}{2m}d\boldsymbol{k} = \frac{8\pi V\hbar^2}{(2\pi)^3 2m}\int_0^{k_\mathrm{F}}k^4 dk$$

となる. 積分を実行し

$$k_\mathrm{F} = \left(\frac{3\pi^2 N}{V}\right)^{1/3}$$

の関係に注意すると

$$U_0 = \frac{V\hbar^2 k_\mathrm{F}^5}{10\pi^2 m} = \frac{\hbar^2(3\pi^2 N)^{5/3}}{10\pi^2 m V^{2/3}}$$

が得られる. これから p は

$$p = -\frac{\hbar^2(3\pi^2 N)^{5/3}}{10\pi^2 m}\frac{\partial V^{-2/3}}{\partial V} = \frac{\hbar^2(3\pi^2 N)^{5/3}V^{-5/3}}{15\pi^2 m} = \frac{\hbar^2 k_\mathrm{F}^5}{15\pi^2 m} = \frac{2NE_\mathrm{F}}{5V}$$

と計算され, 与式が求まる.

6 (a) $\boldsymbol{k}$ 空間の原点 O に最近接する逆格子点は $(2\pi/a)(\pm1,\pm1,\pm1)$ の 8 個でその内の 1 個 A を図で示す. 点 L は OA の中点であるから, その座標は $(\pi/a)(1,1,1)$ となる.

(b) 点 L を通り OA と垂直な平面 (OA の 2 等分面) を図中の斜線で示す. この平面は k_x, k_y, k_z に関して対称で, 点 L を通るので $k_x + k_y + k_z = 3\pi/a$ で記述される. この平面は図のように k_x, k_y, k_z 軸と点 H, I, J で交わり, これらの交点と原点 O との間の距離は $3\pi/a$ となる. △HIJ は正三角形で O との最近接点が 8 個あるから, これらの 8 個の正三角形は正 8 面体 (octahedron) を構成する. 原点からみて次最近接する逆格子点は k_x, k_y, k_z 軸上, O から距離 $4\pi/a$ のところに 6 カ所ある. 点 O と点 $(4\pi/a)(1,0,0)$ との 2 等分面は $k_z = 2\pi/a$ という平面で記述される. よって

$$k_x = \pm\frac{2\pi}{a}, \quad k_y = \pm\frac{2\pi}{a}, \quad k_z = \pm\frac{2\pi}{a}$$

という 6 つの平面が出現しこれらは 1 辺の長さ $4\pi/a$ という立方体を作る. 前述の正 8 面体の内, この立方体の中に含まれる領域が第一ブリュアン域である. これは正 8 面体の頂点付近の部分を切り取った形で表されるため, truncated octahedron とよばれる. 図の灰色の平面と $k_x = 2\pi/a$ の平面との交線は $k_y + k_z = \pi/a$ となり, これは図の ab という直線で表される. a は DG の中点, b は EG の中点である. 同様に, 立方体 ABCDEFOG の辺の中点をとると, 図に示す 6 角形 abcdef は問題文中の斜線を引いた部分に等しい. よって, これは正 6 角形で 1 辺の長さは $\sqrt{2}\pi/a$ と書ける.

(c) 底面積が S, 高さが h の四角錐の体積は $Sh/3$ である. この点に注意すると (b) で考えた正 8 面体の体積は上下に 2 個

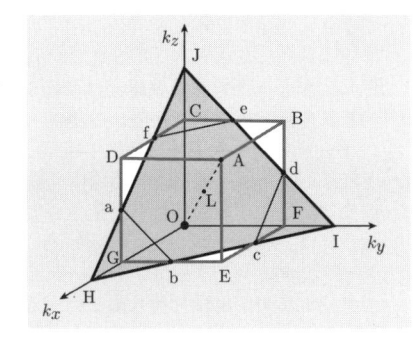

の四角錐があることを考慮し

$$\frac{2}{3}\frac{18\pi^2}{a^2}\frac{3\pi}{a} = \frac{36\pi^3}{a^3} \tag{1}$$

と表される．一方，この正 8 面体を切り取る立体も四角錐でその底面の正方形の 1 辺の長さは (b) で求めた $\sqrt{2}\,\pi/a$ で面積は $2\pi^2/a^2$ に等しい．高さは π/a であるから四角錐の体積は $2\pi^3/3a^3$ で与えられる．このような四角錐が全部で 6 個あり切り取られる体積は

$$6 \times \frac{2\pi^3}{3a^3} = \frac{4\pi^3}{a^3} \tag{2}$$

と書ける．こうして第一ブリユアン域の体積は (1) から (2) を引き $32\pi^3/a^3$ と計算される．一般に体積 V の体系では $\boldsymbol{k}$ 空間中の体積 $d\boldsymbol{k}$ 内の可能な状態数は $Vd\boldsymbol{k}/(2\pi)^3$ と書けるので，第一ブリユアン域内の状態数は $4V/a^3$ と表される．考えている結晶形は面心立方格子で右図のような構造をもつ．各頂点の格子点を 8 等分すれば全体で 8 個の頂点があるため，体積 a^3 の立方体中の格子点の数は 1 である．また，正方形の中心にある格子点は体積 a^3 中に 1/2 個あり，全体では 3 個，総計すると体積 a^3 中に 4 個の格子点が存在し格子点の総数を N とすれば，$N/V = 4/a^3$ が得られる．すなわち，第一ブリユアン域内の状態数は N に等しく，題意の通りになる．

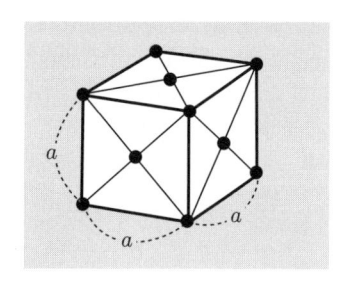

7 電子技術を広く解釈し電流を利用した技術と考えるとき，基本的に次の 3 種類に大別できよう．第 1 に電流を光に変換する器具，第 2 にジュール熱の発生を利用するもの，第 3 にモーターを使い電気エネルギーを力学的エネルギーに変換する装置である．第 1 種には懐中電灯，電灯や蛍光灯などの照明器具，自動車のヘッドライトなどがある．第 2 種には単純にジュール熱を利用する器具として電熱器，電気ストーブ，電気アイロンなどがある．電気ポットや電気炊飯器は単にジュール熱を使うだけでなく，保温，調理などの温度調整にマイコンという本来のエレクトロニクスも利用されている．液体電気蚊取器は液体状の殺虫剤をジュール熱で気化させているが，その気体を小型の扇風機で散布するタイプもある．これは第 2 種と第 3 種の混合といえよう．梅雨どきに活躍する電気乾燥機も両者の混合である．第 3 種ではモーターの回転を利用する器具として電気ドリル，電気シェーバー，電気時計，電気掃除機，電気洗濯機，電車などがある．電気冷蔵庫では単にモーターの回転だけでなく断熱膨張といった物理的な原理も応用されている．

狭い意味では電子技術は電子工学（エレクトロニクス）を意味する．広辞苑によると電子工学とは「電子管や半導体・磁性体などを用いた，通信・計測・情報処理などに関する技術・学問の総称」と記されている．ラジオ，テレビ，電子レンジ，コピー機，ワープロ，パソコン，CD ラジカセ，VHS レコーダー，DVD レコーダー，IC レコーダー，エアコン，リモコン，カーナビ，ファックス，デジカメ，電子辞書，携帯電話など電子工学の応用は日進月歩といえるだろう．

第 9 章

1 $^4_2$He 原子核の質量は，$^4_2$He 原子の質量から電子 2 個分の質量を引いたもので与えられる．したがって，それは amu 単位で $4.00260 - 2 \times 0.00055 = 4.0015$ と計算される．この結果，質量欠損 Δm は

$$\Delta m = 2 \times (1.00727 + 1.00867) \text{amu} - 4.0015 \text{ amu} = 0.03038 \text{ amu}$$

と表される．(9.9)（p.116）により $1 \text{ amu} = 931.5 \text{ MeV}$ が成り立つので結合エネルギーは $0.03038 \times 931.5 \text{ MeV} = 28.3 \text{ MeV}$ となる．

2 (9.16)（p.120）により崩壊定数 k と半減期 T との間に $kT = \ln 2$ の関係が成り立つ．$\ln 2 = 0.693$，1 年 $= 365.25$ 日 $= 3.16 \times 10^7$ s を使うと

$$k = \frac{0.693}{5730} \text{ 年}^{-1} = \frac{0.693}{5730 \times 3.16 \times 10^7 \text{s}} = 3.83 \times 10^{-12} \text{ s}^{-1}$$

となる．また，(9.14) により，2000 年たったときの N/N_0 は

$$\frac{N}{N_0} = \exp\left(-\frac{2000 \times 0.693}{5730}\right) = 0.785 = 78.5\%$$

と計算される．^{14}C の原子量は 14 g（1 モル）で，この中にモル分子数 6.02×10^{23} だけの原子核が含まれているから，1 g 中の原子核の数 N は $N = 6.02 \times 10^{23}/14 = 4.3 \times 10^{22}$ となる．よって，放射能の強さ I は $I = kN = 3.83 \times 10^{-12} \times 4.3 \times 10^{22} \text{ s}^{-1} = 1.65 \times 10^{11} \text{ s}^{-1}$ である．あるいはキュリーで表すと

$$I = \frac{1.65 \times 10^{11}}{3.7 \times 10^{10}} \text{Ci} = 4.46 \text{ Ci}$$

が得られる．

3 (a)　X という原子核が α 崩壊を起こし X$'$ に変換したとすれば，α 崩壊を表す核反応式は

$$^A_Z\text{X} \longrightarrow {}^{A-4}_{Z-2}\text{X}' + {}^4_2\text{He}$$

と書ける．同様に，β 崩壊で X $\longrightarrow$ X$''$ とすれば，β 崩壊は

$$^A_Z\text{X} \longrightarrow {}^A_{Z+1}\text{X}'' + \text{e}^-$$

と表される．γ 崩壊では Z, A は変わらず，γ 崩壊は次式で記述される．

$$^A_Z\text{X} \longrightarrow {}^A_Z\text{X} + \gamma$$

これからわかるように，α 崩壊を起こすと原子番号が 2，質量数が 4 だけ減少する．また，β 崩壊を起こすと原子番号は 1 だけ増加し，質量数は変わらない．また，γ 崩壊では Z, A に変化はない．したがって，α 崩壊を x 回，β 崩壊を y 回繰り返し起こった後の原子番号 Z' と質量数 A' は次のように表される．

$$Z' = Z - 2x + y, \quad A' = A - 4x$$

上式からわかるように，$A - A'$ は 4 の倍数でないといけない．この条件に合うのは $A' = 207$ である．

(b)　$x = (235 - 207)/4 = 7$ となる．また $10 = 2x - y$ から $y = 4$ と求まる．

4 (a) 陽子と中性子の質量を無視し両者を M とおけば，E_1, E_2 は
$$E_1 = \frac{1}{2}A_1Mv_1^2, \quad E_2 = \frac{1}{2}A_2Mv_2^2$$
と表され，これから次のようになる．
$$\frac{E_1}{E_2} = \frac{A_1v_1^2}{A_2v_2^2} \quad \therefore \quad E_1 = \frac{A_1v_1^2}{A_2v_2^2}E_2$$

(b) 核反応式は
$$^{235}_{92}\text{U} + ^{1}_{0}\text{n} \longrightarrow {}^{A_1}\text{X} + {}^{A_2}\text{X} + 2\,^{1}_{0}\text{n}$$
と書ける．これから $A_2 = 234 - A_1$ となる．一方，運動量保存則により
$$A_1Mv_1 = A_2Mv_2$$
が成り立つので，次の関係が導かれる．
$$\frac{v_1}{v_2} = \frac{234 - A_1}{A_1}$$

(c) (a), (b) により
$$\frac{E_1}{E_2} = \frac{A_1v_1^2}{A_2v_2^2} = \frac{v_1}{v_2} = \frac{234 - A_1}{A_1}$$
となる．これから A_1 を解いて
$$A_1 = \frac{234E_2}{E_1 + E_2}$$
が求まる．

5 ウラン 235 の 1 モルは質量 235 g でこの中に 6.0×10^{23} 個の原子核が含まれる．このため毎秒核分裂するウラン原子核の数 n は
$$n = \frac{1 \times 10^{-7}}{0.235} \times 6.0 \times 10^{23}\,\text{s}^{-1} = 2.55 \times 10^{17}\,\text{s}^{-1}$$
と表され，毎秒放出される核エネルギーは
$$200 \times 2.55 \times 10^{17}\,\text{MeV/s} = 5.1 \times 10^{19}\,\text{MeV/s}$$
と計算される．これをジュール単位で表し，求める電力 P は次のようになる．
$$P = 5.1 \times 10^{19} \times 1.6 \times 10^{-13} \times 0.2\,\text{J/s} = 1.6 \times 10^6\,\text{W} = 1.6 \times 10^3\,\text{kW}$$

第 10 章

1 空間座標 x, y, z を x_1, x_2, x_3 として，時間から $ict = x_4$ という成分を考え，4 元ベクトル (x_1, x_2, x_3, x_4) を導入する．ローレンツ変換 $x'_i = \sum a_{ij}x_j$ は
$$\begin{bmatrix} x'_1 \\ x'_2 \\ x'_3 \\ x'_4 \end{bmatrix} = \begin{bmatrix} a_{11} & a_{12} & a_{13} & a_{14} \\ a_{21} & a_{22} & a_{23} & a_{24} \\ a_{31} & a_{32} & a_{33} & a_{34} \\ a_{41} & a_{42} & a_{43} & a_{44} \end{bmatrix} \begin{bmatrix} x_1 \\ x_2 \\ x_3 \\ x_4 \end{bmatrix} = A \begin{bmatrix} x_1 \\ x_2 \\ x_3 \\ x_4 \end{bmatrix}$$

という縦ベクトルと 4×4 の行列 A で表される．あるいは，この関係から

$$[x'_1, x'_2, x'_3, x'_4] = [x_1, x_2, x_3, x_4]\begin{bmatrix} a_{11} & a_{21} & a_{31} & a_{41} \\ a_{12} & a_{22} & a_{32} & a_{42} \\ a_{13} & a_{23} & a_{33} & a_{43} \\ a_{14} & a_{24} & a_{34} & a_{44} \end{bmatrix}$$

$$= [x_1, x_2, x_3, x_4]A'$$

が得られる．ここで A' は A の転置行列である．ローレンツ不変性は

$$[x'_1, x'_2, x'_3, x'_4]\begin{bmatrix} x'_1 \\ x'_2 \\ x'_3 \\ x'_4 \end{bmatrix} = [x_1, x_2, x_3, x_4]A'A\begin{bmatrix} x_1 \\ x_2 \\ x_3 \\ x_4 \end{bmatrix} = [x_1, x_2, x_3, x_4]\begin{bmatrix} x_1 \\ x_2 \\ x_3 \\ x_4 \end{bmatrix}$$

と書け，x_1, x_2, x_3, x_4 は任意であるから $A'A = E$ であることがわかる．ここで E は 4×4 の単位行列である．縦の4元ベクトルに対し $x' = Ax$ が成り立つから，この関係に A' を掛けると，$x = A'x'$ が求まる．すなわち

$$x_j = \sum_j a_{ij} x'_i$$

が成り立つ．x_1, x_2, x_3, x_4 の任意関数 ψ があるとき，次の微分の公式

$$\frac{\partial \psi}{\partial x'_i} = \sum_j \frac{\partial \psi}{\partial x_j}\frac{\partial x_j}{\partial x'_i} = \sum_j a_{ij}\frac{\partial \psi}{\partial x_j}$$

が導かれる．すなわち $\partial/\partial x_i$ は x_i と同様な変換を行う．このため

$$\sum \frac{\partial^2}{\partial x_i^2} = \triangle - \frac{\partial^2}{c^2 \partial t^2} = \Box$$

はローレンツ不変性を示す．ちなみに $\Box$ をダランベルシアンという．

2 (10.5) (p.136) で $\boldsymbol{\alpha}, \boldsymbol{\beta}$ は 4×4 の行列であるから u は4次元のベクトルとして表される．④, ⑤ (p.135) を使うと (10.5) は

$$\left\{ E\begin{bmatrix} 1 & 0 & 0 & 0 \\ 0 & 1 & 0 & 0 \\ 0 & 0 & 1 & 0 \\ 0 & 0 & 0 & 1 \end{bmatrix} + cp_x\begin{bmatrix} 0 & 0 & 0 & 1 \\ 0 & 0 & 1 & 0 \\ 0 & 1 & 0 & 0 \\ 1 & 0 & 0 & 0 \end{bmatrix} + cp_y\begin{bmatrix} 0 & 0 & 0 & -i \\ 0 & 0 & i & 0 \\ 0 & -i & 0 & 0 \\ i & 0 & 0 & 0 \end{bmatrix} \right.$$

$$\left. + cp_z\begin{bmatrix} 0 & 0 & 1 & 0 \\ 0 & 0 & 0 & -1 \\ 1 & 0 & 0 & 0 \\ 0 & -1 & 0 & 0 \end{bmatrix} + mc^2\begin{bmatrix} 1 & 0 & 0 & 0 \\ 0 & 1 & 0 & 0 \\ 0 & 0 & -1 & 0 \\ 0 & 0 & 0 & -1 \end{bmatrix} \right\} \begin{bmatrix} u_1 \\ u_2 \\ u_3 \\ u_4 \end{bmatrix} = 0$$

と表される．これらの方程式を整理すると u の成分 u_1, u_2, u_3, u_4 に対する関係は次のように書ける．

$$(E + mc^2)u_1 + cp_z u_3 + c(p_x - ip_y)u_4 = 0 \tag{1}$$

$$(E + mc^2)u_2 + c(p_x + ip_y)u_3 - cp_z u_4 = 0 \tag{2}$$

$$(E - mc^2)u_3 + cp_z u_1 + c(p_x - ip_y)u_2 = 0 \tag{3}$$

$$(E - mc^2)u_4 + c(p_x + ip_y)u_1 - cp_z u_2 = 0 \tag{4}$$

(3), (4) から

$$u_3 = -\frac{cp_z u_1 + c(p_x - ip_y)u_2}{E - mc^2}, \quad u_4 = -\frac{c(p_x + ip_y)u_1 - cp_z u_2}{E - mc^2}$$

となり,これらを (1) に代入すると

$$(E^2 - m^2 c^4)u_1 - cp_z[cp_z u_1 + c(p_x - ip_y)u_2]$$
$$- c(p_x - ip_y)[c(p_x + ip_y)u_1 - cp_z u_2] = 0$$

が得られる. $p^2 = p_x^2 + p_y^2 + p_z^2$ とおけば上式は

$$(E^2 - m^2 c^4 - c^2 p^2)u_1 = 0$$

と書け,E は $E = \pm\sqrt{c^2 p^2 + m^2 c^4}$ と求まる.同様に,u_3, u_4 を (2) に代入すると

$$(E^2 - m^2 c^4)u_2 - c(p_x + ip_y)[cp_z u_1 + c(p_x - ip_y)u_2]$$
$$+ cp_z[c(p_x + ip_y)u_1 - cp_z u_2] = 0$$

$$\therefore \quad (E^2 - m^2 c^4 - c^2 p^2)u_2 = 0$$

となり,上と同じ結果が求まる. (1)〜(4) で u_1, u_2, u_3, u_4 は同時に 0 ではないから

$$\begin{vmatrix} E + mc^2 & 0 & cp_z & c(p_x - ip_y) \\ 0 & E + mc^2 & c(p_x + ip_y) & -cp_z \\ cp_z & c(p_x - ip_y) & E - mc^2 & 0 \\ c(p_x + ip_y) & -cp_z & 0 & E - mc^2 \end{vmatrix} = 0$$

というエネルギー固有値を決めるべき永年方程式が得られる.これは E に対する 4 次方程式で,前述のことから

$$(E^2 - m^2 c^4 - c^2 p^2)^2 = 0$$

と計算される.上式を満たす E は電子,陽電子,上向きスピン,下向きスピンの 4 つの状態に対応する.

3 (10.11) (p.144) は

$$\frac{1}{r}\frac{d^2(r\psi)}{dr^2} = \kappa^2 \psi$$

と表される.この微分方程式の一般解は

$$\psi = A\frac{e^{-\kappa r}}{r} + B\frac{e^{\kappa r}}{r}$$

で与えられる.第 2 項は $r \to \infty$ で ∞ となり物理的な理由で除外すれば題意のようになる.

4 (10.14) (p.144) から m を概算すると次のようになる.

$$m = \frac{\hbar}{lc} = \frac{1 \times 10^{-34} \mathrm{J \cdot s}}{2 \times 10^{-15} \mathrm{m} \times 3 \times 10^8 \mathrm{m/s}} = 1.7 \times 10^{-28} \mathrm{kg}$$

5 K中間子はハドロンに属するが，メソンであるからバリオン数 B は 0 である．奇妙さ S は 1 であるから，超電荷 Y は $Y = B + S = 1$ となる．したがって，電荷 Q は $Q = I_3 + 1/2$ で K^+ では 1，K^0 では 0 となる．

6 K^- は $\bar{u}s$ という構造をもつので

$$\text{電荷} \quad -\frac{2}{3} - \frac{1}{3} = -1$$

$$\text{バリオン数} \quad -\frac{1}{3} + \frac{1}{3} = 0$$

$$\text{アイソスピンの } z \text{ 成分} \quad -\frac{1}{2} + 0 = -\frac{1}{2}$$

となる．同様に，$\Sigma^+ (= uus)$ の場合には

$$\text{電荷} \quad \frac{2}{3} + \frac{2}{3} - \frac{1}{3} = 1$$

$$\text{バリオン数} \quad \frac{1}{3} + \frac{1}{3} + \frac{1}{3} = 1$$

$$\text{アイソスピンの } z \text{ 成分} \quad \frac{1}{2} + \frac{1}{2} + 0 = 1$$

と表される．

索　引

あ 行

I. キュリー　124
アイソスピン　146
アイソスピン空間　147
アイソトープ　113
アイソバー　113
アインシュタイン　27, 40
アインシュタインの関係　40
アインシュタインの光電方程式　22, 41
アインシュタイン模型　9
アクセプター準位　105
α 線　118
α 崩壊　118
泡箱　138
イオン結晶　92
位相空間　60
1次元調和振動子　9, 38, 61
一粒子状態　100
一般運動量　60
一般座標　60
因果律　3
ウィークボソン　148
ウィーン　26
ウィーンの変位則　26
ウィルソン　138
ウェーバ　6
ウェーバー　6
宇宙線　139
宇宙速度　5
宇宙背景放射　26
運動の法則　2
運動方程式　2
運動量　4
エーテル　14
エジソン　106

か 行

SI　2
n 型半導体　104
エネルギーギャップ　97
エネルギー固有値　66
エネルギー準位　58
MKS 単位系　2
エルミート演算子　73
エルミート共役　72
エレクトロニクス　166
演算子　70
遠赤外線　16
オイラーの公式　19, 76
オネス　21

ガーマー　42
ガイガー　120
ガイガー-ミューラー・カウンター　120
回折　10
外来半導体　104
解離エネルギー　51, 117
外力　4
ガウス平面　69
角運動量　4
核エネルギー　82
核子　112
核種　113
核反応　122
核反応式　122
核分裂　117
核融合　117, 128
確率の法則　70
核力　116, 143
可算集合　70
加速器　140
価電子　102
価電子帯　102
可付番集合　70
カミオカンデ　139
ガモフ　29

ガリレイの相対性　28
ガリレイ変換　15
カロリー　8
カロリック　8
還元域の方法　96
干渉　10
慣性系　28
慣性の法則　2
完全系　72
完全黒体　18
完全性の条件　72
完全弾性衝突　123
$\varGamma$ 関数　86
γ 線　118
γ 崩壊　118
規格化　68
規格直交系　72
幾何光学　10
基底状態　56
軌道角運動量　4, 57
奇妙さ　149
逆格子　98
逆格子ベクトル　98
キュリー　120
キュリー夫人　111
共役転置行列　161
共役複素数　71
行列　73
行列要素　73
虚数単位　69
虚数部分　69
霧箱　138
禁止帯　97
近赤外線　16
空気極　50
クーロン　6
クーロンの法則　6
クーロンポテンシャル　110, 144
クーロン力　6
クォーク　150

索　引

屈折　　10
クライン　　134, 136
クライン-ゴルドン方程式
　　134
クラインのパラドックス
　　136
くりこみ理論　　133
クロネッカー　　72
ゲージ不変性　　148
ゲージボソン　　148
結合エネルギー　　116
結晶運動量　　96
結晶波数　　94
結晶波数ベクトル　　95
ケット　　72
ゲルマン　　150
原子　　24　　132
原子間力　　143
原子質量単位　　114
原子番号　　109
原子量　　132
原子炉　　126
高エネルギー物理学　　140
高温プラズマ　　128
光学器械　　10
光学顕微鏡　　44
光子　　40
格子振動　　20
格子定数　　92
格子フーリエ級数　　98
格子力学　　20
鉱石検波機　　107
光線　　10
光速の不変性　　30
光速不変の原理　　30
剛体　　4
光電限界波長　　23
光電効果　　22
光電子　　22
光電子増倍管　　138
光量子　　40
国際単位系　　2
黒体　　18
黒体放射　　18
小柴昌俊　　139
拡張域の方法　　96
コッホ　　44
古典物理学　　1

固有角運動量　　4, 57
固有関数　　70
固有ケット　　72
固有値　　70
ゴルドン　　134
コンプトン波長　　137

さ 行

サーモグラフィー　　17
サイクロトロン角振動数
　　140
作用素　　70
作用反作用の法則　　2
GM 計数管　　120
c 数　　70
CD　　11
J. キュリー　　124
時間の遅れ　　32
仕事関数　　23
自然放射性元素　　118
磁束密度　　7
実数部分　　69
質点　　2
質点系　　4
質量欠損　　116
質量数　　112
磁場　　7
遮蔽距離　　144
遮蔽されたクーロンポテ
　シャル　　144
周期的境界条件　　19
周期ポテンシャル　　92
重心　　4
充満帯　　104
自由粒子　　66
重粒子　　149
ジュール　　8
縮退　　73
縮退温度　　101
シュトラスマン　　126
シュレーディンガー　　66
シュレーディンガー方程式
　　66
初期条件　　3
触媒　　50
真空の透磁率　　6
真空の誘電率　　6
真空放電　　52

シンクロトロン　　141
人工放射性原子核　　124
人工放射性元素　　118
真性半導体　　104
数密度　　101
スピン　　100, 146
スピン角運動量　　4, 57, 146
スペクトル　　53
スペクトル項　　55
正孔　　104
静止エネルギー　　34
静止質量　　34
正準分布　　39
整流作用　　106
赤外線　　16
世代　　150
絶縁体　　20, 91, 102
絶対温度　　8
摂動論　　133
ゼロ点エネルギー　　162
全角運動量　　4
前期量子論　　60
線形加速器　　141
線スペクトル　　53
占有数　　100
相互作用　　142
相対性原理　　30
相対性理論　　27
増幅作用　　106
素電荷　　6
素粒子　　131
素粒子反応　　149
存在比　　114

た 行

第一宇宙速度　　5
第一ブリユアン域　　94
対消滅　　137
対生成　　137
第二宇宙速度　　5
太陽定数　　16
対流　　16
τ 粒子数　　149
ダガー　　72
多体問題　　100
ダランベルシアン　　169

173

索引

単位円　19
単位胞　98
断熱膨張　21
チャドウィック　124
中間子　144
中性子　112, 124
中性子星　115
中性微子　118
超新星爆発　115
超電荷　149
超流動　113
直交　73
DVD　11
定常解　144
定常状態　56
定積モル比熱　9
ディラック　75, 134
ディラックのδ関数　71
ディラックの定数　56
テバトロン　141
デビッソン　42
デュロン-プティの法則　9, 20
電気素量　6
電気伝導率　7
電子顕微鏡　44
電子工学　166
電子数　149
電子線回折　43
電磁相互作用　133
電子波　42
電磁波　10
電子比熱　20
電子ボルト　23
電子レンズ　44
電束密度　7
点電荷　6
電場　7
電離エネルギー　25, 62, 85
電流密度　7
同位核　113
同位元素　113
同位体　113
同重核　113
透磁率　7
導体　20, 91, 102

ドップラー効果　14
ドナー準位　105
ド・ブロイ　42
ド・ブロイの関係　42
ド・ブロイ波　42
トムソン　110
朝永振一郎　133
トランジスター　106

な 行

内部エネルギー　9
内力　4
長岡半太郎　110
ナノ　107
ナノテクノロジー　107
ナブラ記号　67
波と粒子の二重性　61
仁科芳雄　139
ニュートリノ　118
ニュートン　2, 3
ニュートンの運動方程式　2
熱核融合反応　128
熱伝導　16
熱の仕事当量　8
熱放射　16
熱力学第一法則　9
燃焼熱　62
燃料極　50
燃料電池　50
濃縮ウラン　126
野口英世　45

は 行

バーナード　48
バーナードループ　48
ハーン　126
ハイゼンベルク　75
ハイゼンベルクの不確定性原理　75
π中間子　145
パウリ　121
パウリ行列　135, 146
パウリの排他律　100
波形　64
箱中の規格化　79

波数空間　26
波数ベクトル　65
パッシェン系列　54
波動関数　64
波動光学　10
波動説　40
波動方程式　65
波動量　64
ハドロン　149
ハミルトニアン　67
バリオン　149
バリオン数　149
パルサー　115
バルマー　54
バルマー系列　53, 54
半減期　120
半導体　20, 91
バンド構造　97
バンド指標　97
反粒子　136
pn接合　106
p型半導体　104
比結合エネルギー　116
微細構造定数　133
ファラデー定数　158
フーリエ　98
フェムト　113
フェルミ　83
フェルミエネルギー　101
フェルミオン　113, 146
フェルミ温度　101
フェルミ相互作用　142
フェルミ統計　100
フェルミ波数　101
フェルミ分布　101
フェルミ面　100
フェルミ理想気体　108
フェルミ粒子　100, 146
フォトン　40
フォノン　105
不確定性関係　74
複素数　69
複素数表示　65, 69
複素平面　19, 69
物質の三態　92
物質波　42
不純物半導体　104

索引

ブラ　　72
ブラケット系列　　54
ブラベ　　98
ブラベ格子　　98
プランク　　22
プランク定数　　22
プランクの放射法則　　38
フリッシュ　　126
ブリユアン　　97
ブリユアン域　　94, 96
プリンキピア　　3
ブロッホ関数　　95
ブロッホの定理　　95
分解能　　44
分光器　　53
分散 (光の)　　53
分散 (平均からのずれ)　　74
分子　　24, 132
分子間力　　143
分子量　　132
ブント系列　　54
分配関数　　39

平面波　　65
β 線　　118
β 崩壊　　118
ベクレル　　120
ヘリウム 3　　125
ヘルムホルツ　　21
ヘルムホルツの自由エネルギー　　12
変数分離　　78
崩壊系列　　130
崩壊定数　　120
放射性原子核　　118
放射性元素　　118

放射能　　118
放射能の強度　　120
放射能の強さ　　120
ボーア　　56
ボーアの振動数条件　　56
ボーア半径　　58
ボース統計　　100
ボース粒子　　100, 146
ボソン　　113, 146
ボルツマン定数　　8

ま 行

マイケルソン-モーリーの実験　　14
マイトナー　　126
マクスウェル　　7
マクスウェルの方程式　　7
魔法数　　124
μ 粒子数　　149
ミュラー　　120
ミリカン　　132
メガ電子ボルト　　82
メソン　　149
モル　　132
モル分子数　　132

や 行

ヤング　　40
誘電率　　7
湯川秀樹　　144
湯川ポテンシャル　　144
陽電子　　124, 136
陽電子崩壊　　124

弱い相互作用　　142

ら 行

ライマン系列　　54
ラヴォアジエ　　8
ラグランジアン　　60
ラザフォード　　110
ラザフォード散乱　　110
ラプラシアン　　65
力学　　2
リッツの結合則　　55
粒子説　　40
リュードベリ定数　　54
量子　　38
量子仮説　　38
量子効果　　89
量子条件　　56
量子数　　56
量子電磁力学　　133
量子統計　　100
臨界量　　127
励起状態　　56
レイリー-ジーンズの放射法則　　18
レーザー　　11
レプトン　　148
レプトン数　　149
連鎖反応　　126
連続スペクトル　　53
ローレンツ　　28
ローレンツ収縮　　27, 28, 32
ローレンツ変換　　28, 30
ローレンツ力　　140

著者略歴

阿部 龍蔵
あべ　りゅうぞう

1953年　東京大学理学部物理学科卒業
　　　　東京工業大学助手，東京大学物性研究所助教授，
　　　　東京大学教養学部教授，放送大学教授を経て
現　在　東京大学名誉教授　理学博士

主要著書

統計力学 (東京大学出版会)　現象の数学 (共著, アグネ)
電気伝導 (培風館)
現代物理学の基礎 8 物性 II 素励起の物理 (共著, 岩波書店)
力学 [新訂版] (サイエンス社)　量子力学入門 (岩波書店)
物理概論 (共著, 裳華房)　物理学 [新訂版] (共著, サイエンス社)
電磁気学入門 (サイエンス社)　力学・解析力学 (岩波書店)
熱統計力学 (裳華房)　物理を楽しもう (岩波書店)
ベクトル解析入門 (サイエンス社)　新・演習 物理学 (共著, サイエンス社)
新・演習 力学 (サイエンス社)　新・演習 電磁気学 (サイエンス社)
熱・統計力学入門 (サイエンス社)　Essential 物理学 (サイエンス社)
物理のトビラをたたこう (岩波書店)

新物理学ライブラリ＝8

現代物理入門

2005年4月10日© 　　　　初版発行

著　者　阿部龍蔵　　　発行者　森平勇三
　　　　　　　　　　　印刷者　篠倉正信
　　　　　　　　　　　製本者　小高祥弘

発行所　株式会社　サイエンス社
〒151-0051　東京都渋谷区千駄ヶ谷1丁目3番25号
営業　☎ (03) 5474-8500 (代)　振替 00170-7-2387
編集　☎ (03) 5474-8600 (代)
FAX　☎ (03) 5474-8900

印刷　(株)ディグ　　　製本　小高製本工業 (株)

《検印省略》

本書の内容を無断で複写複製することは，著作者および
出版社の権利を侵害することがありますので，その場合
にはあらかじめ小社あて許諾をお求め下さい．

サイエンス社のホームページのご案内
http://www.saiensu.co.jp
ご意見・ご要望は
rikei@saiensu.co.jp　まで．

ISBN4-7819-1093-9

PRINTED IN JAPAN